나노기술의 이해

기초교양교육시리즈 20

나노기술의 이해

초판 1쇄 발행 2011년 3월 15일
초판 13쇄 발행 2025년 5월 31일

지은이 서갑양

펴낸곳 서울대학교출판문화원
주소 08826 서울 관악구 관악로 1
도서주문 02-889-4424, 02-880-7995
홈페이지 www.snupress.com
페이스북 @snupress1947
인스타그램 @snupress
이메일 snubook@snu.ac.kr
출판등록 제15-3호

ISBN 978-89-521-1188-3 94500
978-89-521-1018-3 (세트)

기초교양교육시리즈 20

나노기술의 이해

서갑양 지음

서울대학교출판문화원

Fundamentals of Nanotechnology

Kaph-Yang Suh

Seoul National University Press

머리말

1990년대 초반부터 사람들의 많은 관심을 받기 시작한 나노기술은 정보기술, 바이오기술, 에너지기술, 환경기술 등과 더불어 범국가적 차원에서 21세기를 주도할 핵심 전략산업으로 급부상하고 있다. 그동안 나노기술을 통해 이룬 성과는 헤아릴 수 없을 정도로 전세계 과학기술 발전을 주도하고 있고, 이제는 많은 홍보와 관심을 통해 일반인에게도 낯설지 않은 교양지식에 속한다고 볼 수 있다.

나노기술은 정보통신, 바이오, 기계, 환경, 에너지 분야 등 기존 기술의 한계를 극복할 수 있는 혁신기술의 원천일 뿐만 아니라 이러한 기술과 융합되어 새로운 기능과 고부가가치를 창출하는 신성장 동력원 중 하나다. 이러한 기대에 부응하기 위해 우리나라는 1990년대 중반부터 나노기술 개발에 상당한 노력을 기울여왔으며 2001년 '나노기술종합발전계획'을 수립하여 지속적인 투자를 하고 있다. 2004년 『동아사이언스』는 국내 전문가 10명을 대상으로 '5년 뒤 세상을 바꿀 10대 신기술'을 조사하였다. 결과에 따르면 초고속 무선인터넷, 유비쿼터스 컴퓨팅, 차세대 디스플레이, 나노 전자소자, 생명복제, 시스템 온 칩, 바이오 칩 등의 기술이 나노기술과 관련되어 있었다. 그것만 보아도 미래 핵심기술로서의 나노기술의 중요성을 알 수 있다. 새로운 패러다임으로 주목받고 있는 나노기술은 물리, 화학, 생물, 공정, 소자, 측정 등 각각의 단편적인 기술만으로 개발, 발전될 수 있는 것이 아니라, 나노과학의 본질적인 특징인 다학제간 연구를 통하여 발전 가능한 포괄적 · 종합적 기술이다.

이러한 나노기술의 중요성에도 불구하고 그동안 대학교 과정에서 나노기술을 폭넓게 소개하는 교양서적이 거의 없었다. 특히 학생들의 전공에 상관없이 너무 전문지식에 치우치지 않으면서도 가볍지 않게 나노기술을 이해할 수 있는 핵심교양 서적이 필요했다. 이 책은 나노기술의 핵심 지식을 전달하는 데 목적을 두었으며, 자연과학을 전공하는 학생들에게는 공학 분야에서 배우는 공정 및 재료, 소자에 대한 기초 지식을 제공하고, 공학 분야 학생들에게는 나노세계에서 일어나는 자연현상에 대한 기본적인 물리 법칙과 화학적 특성 등을 공부할 기회를 제공하고자 한다. 또한, 나노기술은 더는 이공계 학생들의 전유물이 아니며 현재의 기술 파급 수준을 고려할 때 인문학을 전공하는 학생들이나 나노기술에 흥미를 느끼는 중, 고교 학생들에게도 도움을 줄 수 있도록 하였다.

이 책이 나올 수 있도록 도움을 주신 기초교육원 원장님과 관계자 분들께 감사드리며, 특히 방대한 자료를 정리하고 그림과 문헌 정리, 저작권 작업 등을 성실하게 도와준 나노융합기술 연구실 학생들에게 깊은 감사의 마음을 전한다.

2011년 2월

서 갑 양

차례

1장

나노기술 입문

1. 들어가며: 나노기술은 이제 교양이다?

나노기술(Nanotechnology, NT)은 정보기술(IT), 바이오기술(BT)과 더불어 범국가적 차원에서 21세기를 주도할 핵심 전략산업으로 급부상하고 있다. 이미 많은 선진국이 1990년대 중반부터 나노기술 개발에 상당한 노력을 기울여왔고, 2000년을 기점으로 나노기술에 대한 연구개발 지원액도 급상승하고 있다. 특히 미국은 나노기술을 21세기 국가중점기술개발 과제로 선정하였다. 2000년부터 나노기술발전위원회(National Nanotechnology Initiative, NNI)를 설치, 운영하면서 '국가나노기술전략'에 따라 기초연구, 우수센터 육성과 네트워크-연구 인프라 구축 등 나노기술 개발의 통합적인 조정을 관리하고 있다. EU는 국가별 프로그램을 진행하고 있으며, 일본은 'N-plan 21'이라는 개발 프로그램을 수립하여 나노기술에 대한 전반적인 연구를 진행하고 있다.

우리나라는 교육과학기술부와 지식경제부가 공동으로 21세기 신산업혁명을 주도할 나노기술을 국가전략기술로 선정하고 2001년 '나노기술종합발전계획'을 수립하여 각종 연구를 주도하고 있다. 최근에는 나노 광촉매, 나노 화장품, 은나노 세탁기 등 나노기술을 이용한 제품이 실생활에 나타나면서 미래의 먼 기술로만 느껴지던 나노기술이 일반인에게 한층 더 친근하게 다가오기 시작하였다.

나노기술은 미래의 핵심기술로서 주목받고 있다. 그 이유는 정보통신, 바이오, 기계, 환경, 에너지 분야 등 기존 기술의 기술적 한계를 극복할 수 있는 혁신기술의 원천일 뿐만 아니라 이러한 기술들과 융합되어 새

그림 1.1 SEM(Scanning Electron Microscope)으로 본 나노 크기의 은 입자 흔히 은나노라고 불리며 살균효과 등이 있는 것으로 알려졌다. (나노솔루션 http://www.nanosolution.co.kr)

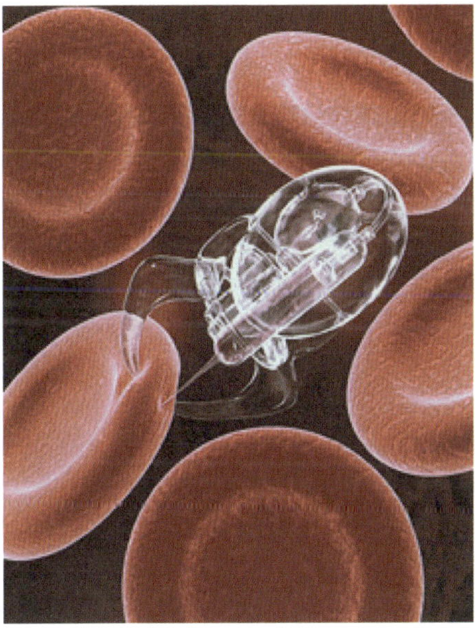

그림 1.2 적혈구에 직접적으로 작용할 나노로봇(Nanorobot)의 상상도

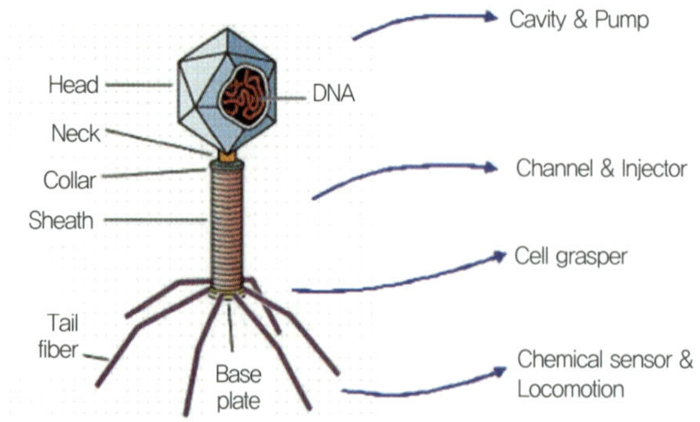

그림 1.3 생체모방공학(Biomimetics)에 기초한 나노로봇의 개념도: 박테리아 파지를 모사한 로봇. 생체 모방 공학은 최근 들어 각광 받고 있는 분야다.

참고자료 1.1 미국, 일본, 우리나라의 나노기술 개발 진행 상황

미국

– 2001년 1월 클린턴 정부는 NNI(National Nanotechnology Initiative) 계획을 발표함으로써 나노 관련 과학과 기술에 대하여 범정부적인 연구개발 정책을 추진하였다.

– 클린턴 대통령은 21세기 미국의 3대 중점 연구과제로 인터넷, 생명공학, 나노기술을 선정하였다. 이러한 정책은 부시 행정부에서도 지속되었다.

※ NNI 계획은 6개 정부부처와 연방기관을 통하여 나노 과학/기술에 수억 달러를 투자하는 것으로, 재료 · 물리 · 화학 · 생물 분야 등에 나노 스케일 연구 프로그램을 후원하는 미국 정부 내 다수 기관의 노력을 보여준다.

NNI의 핵심연구 분야

– 장기적이고 근본적인 나노 과학/기술 연구

– Grand Challenges(9개 분야)

– 우수한 연구센터와 네트워크 구축

– 연구 활동의 인프라 구조 정립

– 사회적 영향 연구: 법적 · 윤리적 · 사회적 함의와 인력의 교육과 훈련

일본

– 이미 1996~2001년 동안 2억 2,500만 달러를 정부 차원에서 투자하였다.

– 4대 우선과제 중 하나로 나노기술을 선정하였다.

N-plan 21 계획안

– 'N-plan 21'에서 나노와 관련한 연구개발의 기본적 방침은 IT, BT, 에너지, 환경, 재료 분야를 NT로 뒷받침하면서 환경을 중시하는 풍족한 사회를 실현

– 국가 차원에서 나노기술 전략 추진, 대학 및 공적 연구기관의 목적에 기반을 둔 기초연구의 추진 및 기초연구와 기반연구 성과의 실용화 추진

– 일본이 경쟁우위에 있는 분야이면서 사회, 산업에 미치는 영향이 큰 분야에 중점 투자, 5~10년을 내다보는 실용화, 산업화를 의식한 연구개발 과제와 혁신적 기반기술을 주축으로 한 도전형 연구개발 과제의 설정 및 기초연구

우리나라

나노기술종합발전계획

– 2010년까지 나노기술 선진 5대국에 진입(10개 이상의 최고기술 확보)

– 향후 5년 내에 핵심연구 인프라 구축 완료

– 기존 기술과 연계하여 제품의 고기능, 고효율, 소형화 달성

– IT, BT, ET 등과 융합발전을 통하여 첨단기술 시장 선점

– 2010년까지 총 1조 4,850억 원 투입

– 주요 연구 분야는 연구개발, 인력 양성, 시설 구축

- 연구개발: 우리의 비교우위 가능 기술을 발굴, 집중화 추진
- 인력 양성: 학제 간 전공과정, 산 · 학 · 연 협동과정, 우수인력 해외파견 지원 등을 통하여 2005년까지 4,200명, 2010년까지 12,600명의 연구 인력 양성
- 시설 구축: '나노종합Fab센터'와 '나노특화Fab센터' 설치

로운 기능과 고부가가치를 창출하는 신성장 동력원이기 때문이다. 21세기는 나노기술에 의하여 나라의 위상과 경제의 규모가 결정될 것이다. 미국, 일본을 비롯한 선진국은 물론 중국, 타이완 등 신흥 경제국도 나노기술 개발에 국운을 걸고 있다.

2. 나노(nano)

'나노'의 사전적인 의미는 10억 분의 1을 나타내는데, 이는 고대 그리스에서 난쟁이를 뜻하는 나노스(nanos)에서 유래한다. 1나노미터(nm)는 10억 분의 1미터(m)로 일반적인 박테리아 크기의 1천 분의 1, 머리카락의 1만 분의 1 정도다. 사람이 맨눈으로 볼 수 있는 가장 작은 물체는 대략 1만 나노미터 정도이므로 이러한 나노미터의 영역은 나노기술 없이는 쉽게 접근할 수 없는 영역이다. 일반적인 원자의 크기는 0.2~0.3nm다. 원자 3~4개를 일렬로 배열하면 1nm가 되고, 원자 반지름이 가장 작은 수소의 경우는 10개가 모이면 1nm가 된다. 나노는 모든 구성원소의 가장 본질적 · 근원적 범위를 다루는 학문이다.

표 1.1 각 크기당 표시 기호

단위	Peta	Tera	Giga	Mega	Kilo	Milli	micro	nano	pico	femto	atto
크기	10^{15}	10^{12}	10^{9}	10^{6}	10^{3}	10^{-3}	10^{-6}	10^{-9}	10^{-12}	10^{-15}	10^{-19}
표시	P	T	G	M	K	M	μ	n	p	f	a

nm → 10^{-9}m(10억 분의 1미터)

3. 나노기술

나노기술의 정의는 학자들마다 견해가 다르나 크게 세 가지로 나누어 살펴보면, 나노 크기의 물질로 이루어진 미세한 크기의 재료나 기계를 만드는 기술과 나노 크기 영역에서 나타나는 새로운 물리 현상을 응용하여 장비의 성능을 크게 향상시키려는 기술, 그리고 눈으로는 볼 수 없는 미세한 영역의 자연현상을 측정, 예측하는 기술이라고 할 수 있다. 즉 나노기술은 물질의 크기가 100나노미터 이하일 때 나타나는 새로운 현상과 특성을 이용하거나 나노미터 수준에서 물체를 재조합, 조작하는 모든 기술을 이르는 말로서 원자나 분자 수준의 초미세 극한기술이라고 할 수 있다.

나노기술은 지금까지 인간이 접근하지 못했던 금단의 학문이었고 아직도 명확한 방향설정이 부재하다. 때문에 원자 · 분자 현상의 해석, 조작, 응용, 제품 제작을 통해 경제성을 확보하려면 수학, 물리, 화학, 의학 등의 기초학문과 기계 · 전자 · 화학공학, 재료공학 등 엔지니어링 기술의 결합이 필수적이다. 나노기술의 연구는 기존 연구방식, 즉 전자, 화학, 물리 등의 단독 연구로는 성과를 기대할 수 없다. 여러 학제 간의 협동연구가 불가피하다.

참고자료 1.2 미국 NNI의 나노기술 3대 조건

1. 약 1~100나노미터의 길이 범위 내의 원자, 분자, 초분자 수준에서의 연구와 기술 개발
2. 미소한 크기로 인하여 발현되는 새로운 성질과 기능을 갖는 소자나 시스템의 제조와 이용
3. 원자 수준에서의 조작과 제어 능력

(미국 NNI 홈페이지 http://www.nano.gov)

표 1.2 나노기술의 분류

	구분	핵심기술과 소자	응용분야
나노 소자	실리콘계	CMOS 소자, 양자 · 단전자 소자, 터널링 소자	메모리 소자, 시스템 LSI 소자, SoC 소자, 정보통신 관련 제품
	비실리콘계	• 화합물 반도체 III-V족 소자(GaAs, AlGaAs, GaN, AlN), II-VI(In-P)족 소자, SiGe, SiC 소자 • 기타 비실리콘계 SiGe, SiC, Diamond, ZnO 소자 및 양자－단전자 소자 스핀 소자/자성반도체, CNT 소자	메모리 소자(MRAM 포함), 시스템 LSI 소자, SoC 소자, 광전자 소자(수광, 발광, 모듈 소자, photonics), 디스플레이, 정보통신 관련 제품
나노 소재	나노입자 나노박막 나노벌크 나노코팅	고활성 및 고선택성 촉매, 나노고분자, 인텔리전트 재료, 나노 세라믹스, 나노 글래스, 폴리머, 나노메탈	2차전지/연료전지, 광디스크, 벽걸이 TV, 흡착제, 전극재료, 프레임 재료, 생체의료, 휴대전화 적층, 콘덴서
나노 바이오	바이오칩 바이오센서 BioMEMS 약물전달 시스템	단백질칩/DNA칩, Lab-on-a-Chip 진단 시약, 바이오센서기, 의료용 MEMS, 나노 머시닝, 약물의 피부침투(리포솜), 약물의 세포침투(nanotopes), 나노캐리어, 분자접합기술, 약물표적기술	임상분석기기, 인공장기, 진단기기, 생체재생, 생화학검사, 항암제, 신의약품, 펩타이드/단백질 개발

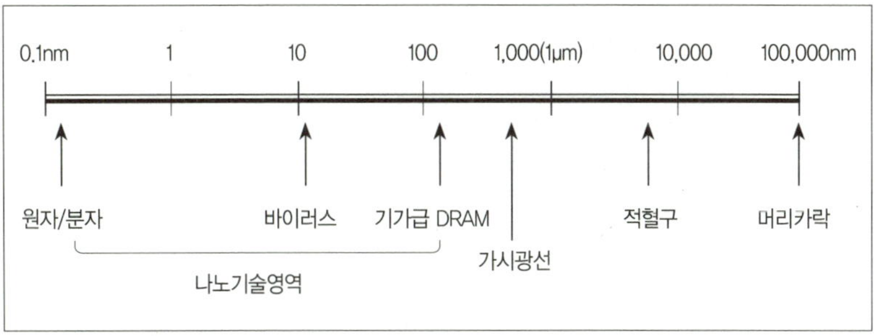

그림 1.4 나노기술의 영역 나노기술은 원자와 분자를 다루는 가장 미세한 크기부터 시작하여 100나노미터 수준까지 다루는 기술이다.

4. 나노기술의 역사

나노기술에 대한 가능성을 처음 제시한 것은 1950년대에 노벨 물리학상을 수상한 미국의 리처드 파인만(Richard Feynman, 1918~1988) 교수다. 그는 미국 물리학회 강연에서 '원자 수준에서의 물질 조작가능성'에 관하여 최초로 언급하였다. 1959년 캘리포니아 공과대학에서 열린 미국 물리학회 강연에서는 "못핀의 머리 위에 『대영백과사전(*Encyclopedia Britannica*)』 전권을 모두 수록할 수 있는 충분한 공간이 있다(There is plenty of room at the bottom.)"라고 하며 나노기술의 가능성에 관하여 역설하였다.

1960~1970년대는 양자 역학(Quantum Mechanics)에 관한 실험 물리학적 성과들이 간헐적으로 발표되어 나노기술에 대한 관심을 지속시켰다. 본격적인 연구는 1980년대에 들어와서 이루어졌다. 1981년 IBM 취리히 연구소의 게르트 비니히(Gerd K. Binnig)와 하인리히 로러(Heinrich

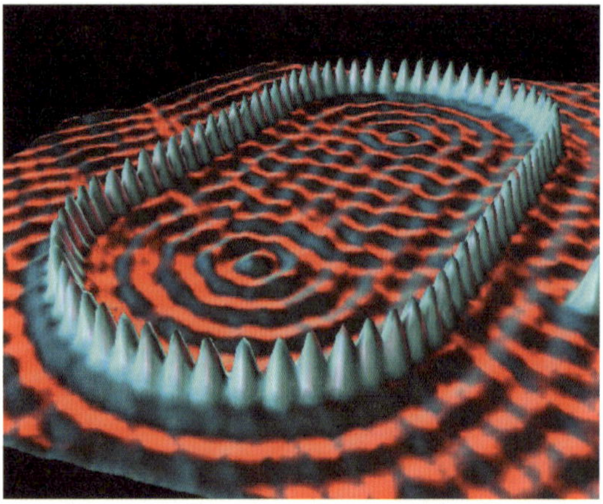

그림 1.5 STM 사진 원자와 분자의 관찰을 가능하게 해주었다.
(http://www.almaden.ibm.com/vis/stm/images/stm15.jpg)

Rohrer)가 원자 크기의 100분의 1 해상도를 실현케 하는 주사형 터널링 현미경(Scanning Tunneling Microscope, STM)을 개발함으로써 나노기술은 촉발되었다.

일반적으로 과학적 발견은 새로운 도구의 개발과 함께 병행되어왔다. 현미경의 발명이 세포의 발견으로 이어지고, 망원경의 등장이 우주의 신비를 벗기는 데 기여했던 것처럼 나노기술의 발전은 STM과 같은 획기적인 기기에 의하여 작은 원자의 세계를 볼 수 있는 가능성이 열리면서 가속했다. 분자 크기 소자(device)의 세계로 들어가기 위해서는 작은 스케일의 표면 관찰이 필요하였다. 비니히와 로러의 STM은 여기에 새로운 길을 열어주었다.

1985년 일본에서는 국가 프로젝트인 '나노 기구 프로젝트'가 시작되었다. 1986년에는 AT&T 벨 연구소가 STM을 이용한 원자의 분리와 수정 실험에 성공하여 원자 수준에서의 조작가능성을 입증하였다. 이후 '분

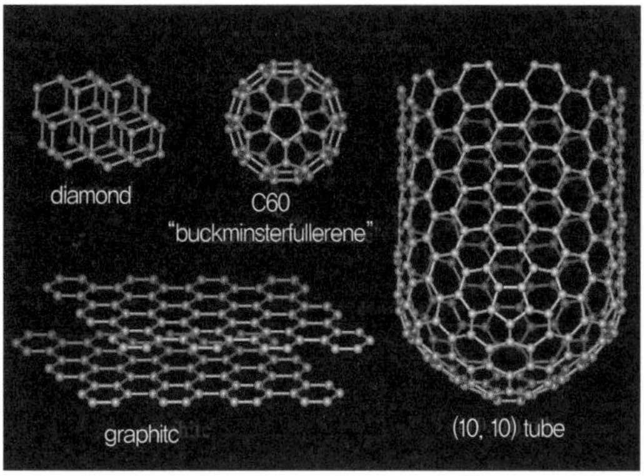

그림 1.6 여러 가지 탄소구조
(http://home.hanyang.ac.kr/~nanotube)

자 나노기술'의 개념이 정립되면서 분자기계와 같은 본격적인 나노장치에 관한 개념들이 제시되기 시작하였다. 그리고 응용기술 분야의 연구뿐만 아니라 나노세계에 대한 기초적인 연구를 수행하기 위하여 나노세계 관찰용 분석기기 개발에 많은 노력을 기울였다. SPM(Scanning Probe Microscopy)과 TEM(Transmission Electron Microscopy)이 개발되어 발전하면서 과학자들은 나노 크기를 직접 관찰할 수 있게 되어 DNA와 나노결정, 풀러렌(Fullerene) 등을 연구할 수 있었다.

SPM을 이용하여 발견한 대표적인 나노세계의 현상은 Quantum Mirage이다. 1999년 한 국제학술대회에서 수여된 나노사이언스 상(Nanoscience Prize)의 최초 수상자인 이글러(Don Eigler) 박사는 SPM의 탐침으로 수십 개의 코발트 원자를 움직여 구리판 위에 타원형을 만들 때 코발트 원자의 전자들이 물결치듯 파동을 만들어내는 현상을 발견하고 이를 'Quantum Mirage'라고 불렀다.

기념비적인 나노물질이라 할 수 있는 풀러렌은 1996년 노벨상 수상

그림 1.7 풀러렌 모형 화학 관련 연구실에는 이와 같은 모형이 심심치 않게 보인다. (http://www.physics.uc.edu/~pkent/graphics/c60_big.jpg)

자인 미국 라이스 대학의 스몰리(R.E. Smalley)와 컬(R.F. Curl)이 발견하였다. 탄소의 결정구조는 지금까지 다이아몬드, 흑연, 무정질의 세 형태로 존재한다고 믿었다. 그러나 풀러렌의 경우는 육각형과 오각형이 어우러진 결정구조임이 밝혀져 나노물질 분야에서 일대 혁신을 일으켰다. 좀 더 상세히 말하면 풀러렌은 새로운 형태의 탄소 원소로서 탄소 원자가 Closed Shells에 배열되는 것을 말한다. 종전에는 단지 여섯 가지 결정 형태의 탄소 원자가 알려져 있었다. 이는 두 종류의 graphite, 두 종류의 diamond, chaoit, 그리고 carbon(VI)이었다. 그중에 마지막 두 개는 1968년, 1972년에 각각 발견되었다.

또 하나의 중요한 나노물질인 탄소 나노튜브(Carbon Nanotubes, CNT)는 1991년 NEC의 이지마(S. Iijima) 박사가 발견했다. 전도성이 우수한 형상을 가지며, 저전압에서 전자 방출이 잘 되는 성질이 있기 때문에 CNT를 이용한 FED(Field Emission Device)는 저소비전력, 고정밀, 저비용의 장점이 있다. CNT에 대한 응용연구 성과로는 벽걸이 TV를 위한

CNT-FED 개발에 따른 CNT 박막 기술, 패턴 에칭 기술, CNT 박막 위에 절연막을 적층하는 가공 기술 등이 있다. 그뿐만 아니라 탄소 나노튜브는 트랜지스터 등의 응용에도 유효한 기술이며 수소 저장 특성을 이용한 연료 전지의 응용을 집중적으로 연구, 개발하고 있다. 최근에는 그래핀(graphene)이라고 불리는 graphite 한 층으로 된 매우 얇은 박막이 발견되면서 여러 가지 전극 및 응용 물질로 폭발적인 관심을 받고 있다.

참고자료 1.3 나노와 관련 있는 기념비적인 사건들

BC 400년 데모크리토스가 고대 그리스어로 '쪼갤 수 없는'의 뜻을 가진 '원자'라는 신조어를 사용하다.

1905년 알베르트 아인슈타인이 설탕 분자 하나의 지름을 약 1나노미터라고 추정한 논문을 발표하다.

1931년 막스놀과 에른스트루스카가 1나노미터 이하의 크기까지 이미지화할 수 있는 전자현미경을 개발하다.

1959년 리처드 파인만이 미세화 경향에 관한 미래를 언급한 '엄청난 가능성의 나노세계'라는 강연을 하다.

1968년 벨 연구소의 알프레드 조와 존 아서 및 동료들이 물질의 표면에 원자층을 형성할 수 있는 분자 빔 표면 증착 기술을 개발하다.

1974년 다니구치 노리오가 1마이크로미터 이하의 오차를 허용하는 기계제작의 중요성을 강조하기 위하여 '나노테크놀로지'라는 단어를 제안하다.

1981년 게르트 비니히와 하인리히 로러가 개별 원자들의 이미지를 얻을 수 있는 스캐닝 터널링 현미경(STM)을 개발하다.

1985년 로버트 컬 2세, 헤럴드 크로트, 리처드 스몰리가 지름이 약 1나노미터인 버키볼로도 알려진 버크민스터풀러린을 발견하다.

1986년 에릭 드랙슬러가 나노테크놀로지의 대중적인 관심을 유도했던 미래 서적 『창조의 원동력』을 출판하다.

1991년 일본 스쿠바 NEC의 이지마 스미오가 탄소 나노튜브를 발견하다.

1993년 노스캐롤라이나 대학의 워런 로비닛과 UCLA의 스텐리 윌리엄스가 원자들을 보고 만질 수 있도록 설계한 STM에 연결된 가상현실 시스템을 고안하다.

1997년 각 층의 두께가 1나노미터 이하인 비자기적인 층을 자기적인 층 사이에 끼워넣음으로써 민감한 디스크 드라이브용 센서를 만들다.

1998년 네덜란드 델프트 공과대학 체스테커 그룹에서 탄소 나노튜브를 이용한 트랜지스터를 개발하다.

1999년 라이스 대학의 제임스 투어와 예일 대학의 마크리드가 단일 분자를 이용, 분자 스위치를 형성할 수 있음을 증명하다.

2000년 에이글러와 다른 연구원들이 양자 신기루를 고안하다. 자기를 띤 원자를 원자들로 이루어진 타원형 고리의 한 초점 위에 위치시켜 마치 다른 초점에도 동일한 원자가 있는 것처럼 허상을 만드는 데 성공함으로써 전선을 사용하지 않고 정보를 전달할 수 있는 가능성을 제안하다.

5. 나노 크기의 특징

나노세계에서 일어나는 가장 특징적인 현상은 물성이 표면 특성에 의해 결정된다는 것이다. 뒤에 자세히 설명하겠지만 물질이 나노 크기로 줄어들면 부피 대비 표면적(surface-to-volume ratio)이 기하급수적으로 커지고 표면 특성이 두드러진다. 가장 대표적인 물성이 표면장력인데 보통 커피잔에 담겨 있는 물을 거꾸로 기울이면 쉽게 쏟아지나 만약 마이크로 수준의 관에 물방울이 갇혀 있다면 거꾸로 들어도 물방울이 떨어지지 않을 것이다. 이는 물방울의 표면장력이 매우 커져 중력을 쉽게 이기기 때문이

그림 1.8 영화 「개미」의 한 장면 매크로 스케일에서는 크기가 작아 무시했던 표면 장력과 같은 물성이 마이크로 이하의 크기에서는 중요하게 대두된다(출처: 영화 「개미」).

다. 에니메이션 영화「개미」에서도 소개된 바 있지만 자기 몸무게의 몇 십 배 무게도 쉽게 들어올리는 개미가 작은 물방울에 갇히면 빠져나오지 못하고 익사할 수 있는 일도 벌어질 수 있다.

이러한 나노 크기를 구현하기 위해, 현재 기존 마이크로 기술 등의 전통기술을 좀 더 세밀한 크기로 줄여나가는 하향식(top-down) 방식과 자기조립(self-assembly) 등의 원자나 분자의 수준에서 시작하여 합성과 제어를 통하여 조립하는 상향식(bottom-up) 방식이 있다.

- Top-down 방식: 나노미터 수준의 가공을 통하여 나노미터 크기의 구조체를 인공적으로 형성하는 기술(거시적 → 미시적)
- Bottom-up 방식: 물질의 최소 단위의 원자나 분자를 자유자재로 조작하여 기능, 구조체를 형성하는 기술(미시적 → 거시적)

Top-down식 접근은 기계, 물리적인 가공을 주요 수단으로 한다. 벌크(bulk) 재료들을 쪼개어 나노 구조체로 조각하는 방식으로 기계적인 밀링이나 초정밀 가공, 리소그래피 등을 이용한다. Bottom-up식 접근은 화학적인 수단에서 출발한다. 각각의 원자나 분자를 제어, 조작하여 나노 구조체를 조립해 나가는 방식으로 합성, 자기조립 등이 주요 도구가 된다.

나노기술로의 접근방식을 분야별로 구체화할 수 있다. 첫번째는 물리적 접근방법으로서, 마이크로일렉트로닉스에서 한 차원 낮은 스케일로의 접근방식으로 이미 집적회로 기술에서는 50나노미터 선폭이 실현되고 있으며, 이는 반도체 미세공정에 의존한다. 두 번째는 화학적 접근방법으로 기존의 입증된 복합화학 시스템으로부터 새로운 범주의 구성기술, 일례로 촉매, 멤브레인(membrane), 센서, 코팅 기술을 실현하는 접근방식으로 주로 재료에 의존한다.

참고자료 1.4 나노미터 스케일에서 나타나는 특성

- 양자현상 지배: 조성 변화 없이 전자, 자기, 광전자 특성 조절
- 부피 대비 표면적 대폭적 증가: 촉매, 약물전달, 에너지 저장, 복합재료
- Brownian Motion이 지배: 나노 기어와 같은 부품에 근본적인 제한요소가 됨
- 잔류응력이 기계적 특성을 지배: 매크로 크기에서 무시하던 물리적 특성들이 중요한 요소가 됨

6. 나노물질의 특성과 효과

나노 크기에서의 물질의 특성은 매크로 크기와는 다른 특성을 띠는 경우가 많다. 그 특성을 특정 분야에 적용시키면 기존 기술의 몇 배의 효율성

을 갖는 신소재를 탄생시킬 수 있다.

1) 광학적 특성

나노 영역에서는 크기에 따라 색깔이 변한다. 발색의 차이는 표면 Plasmon의 가시광 흡수와 반사 상호작용이 크기에 따라 다르기 때문에 생긴다.

예) 금(Au): 일반적으로는 황금색을 띠지만 10나노미터 이하가 되면 빨간색으로 변하며, 크기가 조금만 달라져도 색깔이 변한다.

그림 1.9 금의 크기에 따른 색깔의 변화

2) 화학적 특성

모든 물질은 큰 덩어리에서 작은 덩어리로 쪼개짐에 따라 물질 전체의 표면적이 급격히 커지게 되며, 이 때문에 나노물질은 독특한 특성을 갖게 된다.

예) TiO_2: TiO_2 입자 크기가 20나노미터 이하라고 할 때 형광등이나 백열등에서 발생되는 약한 자외선을 받으면 살균력, 자가세척력, 김서림 방지 효과가 커지기 때문에 그 용도가 광범위하다.

3) 기계적 특성

다결정질 재료의 입자는 각 입자마다 기본적인 배열은 같지만 방향이 다르고, 입자와 입자 사이에 존재하는 단위 면적당 입계가 많을수록 강한 기계적 성질을 띠는 경향이 있다. 그러나 나노물질 입자의 경우 일반적인 경향과는 달리 특정 결정립 크기 영역에서 강도가 급격히 증가하는 현상을 보인 결과들이 있다. 따라서 작을수록 강하다는 일반 상식이 통하지 않는 것으로 보인다. 다만 다른 복합체와 섞었을 경우 기계적 강도가 증가하는 것으로 볼 때 현존하는 물질 중에서는 나노 입자의 기계적 성질이 가장 우수하다고 보아야 할 것이다. 아직 나노물질에 대한 연구결과들이 초보 수준이며, 나노가 기존의 상식과는 전혀 다른 특성을 나타내므로 기계적 강도에 대해서는 우수할 것으로 추측할 뿐이다.

4) 전자기적 성질

전자적인 성질을 띠는 반도체, 자성금속, 나노 입자들은 크기가 작아지면서 일반적으로 10~100나노미터 정도에서 자기적인 성질이 최대가 되는 것으로 알려져 있다.

예) 자기적인 성질이 극대화됨과 동시에 크기가 매우 작고 균일한 크기의 구 형태의 자성금속 나노 입자를 합성하여 이들의 규칙적인 배열을 통하여 이 입자 하나하나를 각각 한 개의 비트로 사용할 수 있다고 알려져 있다. 이러한 자성 입자는 크기가 수 나노미터로 주로 코발트나 코발트와 백금의 합금 형태로 이루어진다.

표 1.3 금의 광학적 · 전기적 · 화학적 특성 변화

특성	Bulk	Nano
빛깔	금색	금색 상실
전도도	금속	반도체
자성	상자성	강자성
활성도	불활성	활성

7. 나노기술에 대한 기대

나노기술은 발전방향을 예측할 수 없을 정도로 무한한 가능성을 갖는 신생 및 창조 기술이다. 응용 분야도 전자통신에서 항공 우주, 의료에 이르기까지 다양하다. 전자통신 분야에서는 나노기술을 통하여 낮은 전력소모와 저생산비용을 갖고 수백만 배 이상의 성능을 갖는 나노 구조의 마이크로프로세서 소자, 현재보다 용량이 수천 배 크고, 크기는 작은 대용량 정보저장 장치의 개발 등을 기대할 수 있다.

재료 분야에서는 나노 구조 금속 및 세라믹, 고감도 소재 등의 등장이 예상되며, 의료 분야에서는 나노 구조물을 통한 새로운 약물전달 시스템, 인체의 질병을 진단, 예방할 수 있는 나노 센싱 시스템, 나노로봇 등이 나노기술의 부산물로 주목받고 있다. 생명공학 분야에서는 나노 배열 기반 분석기술을 이용한 DNA 분석이나 유전자 분석 및 조작, 환경에너지 분야에서의 새로운 에너지 또는 효율이 월등히 좋은 재생 에너지 개발이 기대된다. 그밖에 항공우주에서는 마이크로 우주선을 위한 나노 기기,

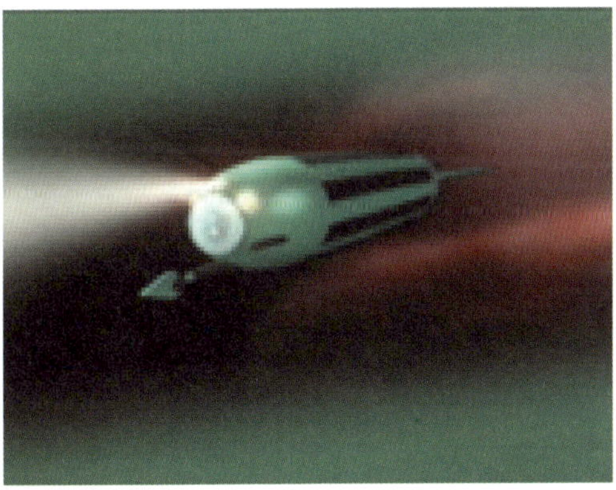

그림 1.10 메디칼 나노 로봇 개념도
(http://www2.rtbf.be/memoires/prod/issi/issi.html)

참고자료 1.5 나노 스케일에서의 표면적 증가를 이용한 응용제품의 예

(1) 오일 여과용 지올라이트

- 지올라이트(Zeolite)에 의하여 원유에서 40% 이상 더 많은 가솔린 추출 가능
- 4억 배럴/년 Oil 절감(120억 달러 비용 절감)

(2) Thiol-SAMMS

- 석탄 발전소에서 흘러나오는 물에 함유된 수은 제거

(3) 나노 단위의 다공질 멤브레인

- 물 정화와 환경 정화

표 1.4 나노기술의 예상 응용 분야

분야	내용
전자/통신	• 낮은 전력소모, 저 생산비용을 갖고 백만 배 이상의 성능을 갖는 나노 구조의 마이크로프로세서 소자 • 10배 이상의 대역폭과 높은 전달속도를 갖는 통신 시스템 • 현재보다 수천 배 큰 대용량 정보저장장치 • 대용량 정보를 수집 처리하는 집적화된 나노센서시스템 • 정보저장, 메모리반도체, 주머니 크기 슈퍼 로봇
재료/제조	• 기계 가공하지 않고 정확한 모양을 갖는 나노 구조 금속과 세라믹 • 분자 단위에서 설계된 고강도의 소재, 고성능의 촉매 • 뛰어난 색감을 갖는 나노 입자를 이용한 인쇄 • 나노 크기를 측정할 수 있는 새로운 표준 • 절삭공구나 전기적 · 화학적 · 구조적 응용을 위한 나노 코팅
의료	• 진단학과 치료학 혁명을 가능케 하는 빠르고 효과적인 염기서열 분석 • 원격진료 및 생체이식소자를 이용한 효과적이고 저렴한 보건치료 • 나노 구조물을 통한 새로운 약물전달 시스템 • 내구성과 생체친화력 있는 인공기관 • 인체의 질병을 진단, 예방할 수 있는 나노 센싱시스템

생명공학	• 하이브리드 시스템의 합성피부, 유전자 분석/조작 • 분자공학으로 제작된 생화학적으로 분해 가능한 화학물질 • 동식물의 유전자 개선 • 동물에의 유전자와 약물 공급 • 나노 배열에 기반한 분석기술을 이용한 DNA 분석
환경/ 에너지	• 새로운 배터리, 청정연료의 광합성, 양자태양전지 • 나노미터 크기의 다공질 촉매제 • 극미세 오염물질을 제거할 수 있는 다공질 물질 • 자동차산업에서 금속을 대체할 나노 입자 강화 폴리머 • 무기물질, 폴리머의 나노 입자를 이용한 내마모성, 친환경성 타이어
국방	• 무기체계의 변화(소형, 고속, 장거리 이동) • 무인 원격무기(무인 잠수함, 무인 전투기, 원격센서시스템) • 은폐(stealth) 무기
항공우주	• 저전력, 항방사능을 갖는 고성능 컴퓨터 • 마이크로 우주선을 위한 나노 기기 • 나노 구조 센서, 나노 전자공학을 이용한 항공전자공학 • 내열, 내마모성을 갖는 나노 코팅

내열 및 내마모성을 갖는 나노 코팅, 나노 전자공학을 이용한 항공전자공학 등이 응용 분야로 꼽히고 있다.

8. 나노기술에 대한 우려

2000년대 초반까지 21세기의 선도 기술이며 친환경적이고 인류의 미래를 책임질 기술이라고까지 극찬을 아끼지 않던 나노기술이 근래에 들어 많은 의문을 낳고 있다. '섣부른 나노기술 재앙 부른다'라는 2005년 말의 신문 기사의 제목에서도 알 수 있듯이 현재 세계 각국에서는 원자 수준에서 물질을 조작하는 나노기술로 만들어지는 나노물질이 환경과 건강에 해로울 수 있다는 우려가 잇따라 제기되면서 나노물질의 독성 연구가 새롭게 관심을 끌고 있다. 이에 따라 영국과 미국에서는 환경 영향 평가를 본격적으로 착수하고 있고, 여러 학계에서도 연구를 통한 나노기술의 유해성을 보고하고 있다. 최근, 과학계 일각에선 나노기술이 오히려 대기환경과 인류건강을 해치고, 산업 전반의 생산성을 오히려 떨어뜨리게 될지도 모른다는 경고가 나오고 있다. 두 얼굴의 첨단과학기술, 나노의 그늘 속으로 들어가 보자.

탄소 원자들이 벌집무늬처럼 결합하는 탄소 나노튜브는 반도체 · 디스플레이 등의 분야에서 '꿈의 신소재'로 기대를 모아왔다. 하지만, 10억분의 1m인 나노미터 단위의 지름을 가진 초미세 물질 나노튜브는 최근 차세대 소재의 기대와 함께 유해성 논란의 대상이 되고 있다. 실험용 쥐

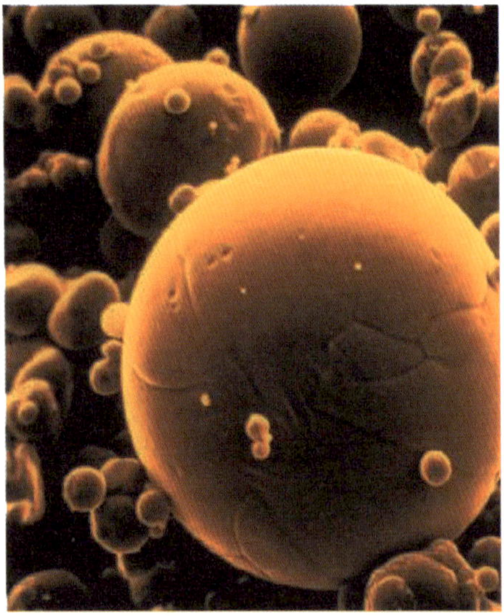

그림 1.11 Nanoparticles 크기가 작은 나노 입자들은 몸속에 흡수되기 쉬우나 몸 안에서 서로 결합하여 배출되지 않고 쌓이는 문제점이 보고되었다. (http://msnbcmedia.msn.com/j/msnbc/Components/Photos/040517/040517_nanoballs_vlg_11a.vlarge.jpg)

에 탄소 나노튜브 용액을 주입한 결과 폐에서 나노튜브들이 뭉치면서 질식사를 일으키는 독성을 띠었다는 미국 항공우주국 존슨 우주센터 연구팀 등의 연구결과가 지난 2004년 미국 화학학회에서 공식 발표된 이후 이러한 요구는 과학계에서 더욱 힘을 얻고 있다. 심지어 머리카락보다 수만 배나 작은 초미세 나노물질이 사람 몸의 간, 중추신경, 심장혈관까지 파고들 수 있다는 우려도 나온다. 이들은 나노튜브가 10년 안에 대량생산으로 나아갈 경우 위험가능성은 더 커질 것이라고 경고한다. 그러나 이러한 실험들은 나노튜브를 흡입한 것이 아니라 용액을 주입한 것이라는 점에서 성급한 결론이라는 반론도 제기되고 있다.

또한, 탄소 나노튜브를 구성하는 '풀러렌'(C60)은 빛을 쬐면 활성산소라는 유독물질을 만든다는 연구결과도 나와 있다. 활성산소는 DNA를 손상시켜 암과 같은 난치병을 일으키는 물질이다. 이산화티타늄, 탄소분말, 디젤입자 등 몇몇 물질은 나노 단위로 크기가 줄어들수록 독성이 강해진다는 보고도 있나. 이중 몇몇 물질입자가 중금속처럼 우리 몸 속에 쌓여 뜻밖의 부작용을 일으킬 수 있다는 문세인데, 일반적으로 우리가 호흡을 통하여 흡입하는 미세 입자가 축적되려면 크기가 10μm보다 작아야 한다. 나노 입자는 쉽게 폐 조직에 흘러들어 진폐증 등 치명적인 질병을 일으키는 시한폭탄이 될 수 있다고 전문가는 지적한다.

이 밖에도, 너무 작아서 눈에 띄지 않는 나노 입자는 초정밀 전자기기 등을 은밀히 오염시켜 생산성을 떨어뜨리는 주범이 될 수도 있다고 한다. 나노기술의 접목으로 제품의 크기가 작아지고 정밀해질수록 거기서 발생하는 나노 입자의 해악이 더 커질 수 있다는 지적이 있는데, 실제로 컴퓨터의 하드디스크 드라이브, DVD, CD-롬 등과 같은 정보저장기기는 물론 고선명(HD) TV, 휴대전화 단말기, PDA 등에 나노기술이 활발하게 적용되면서 나노 입자 때문에 예기치 않은 오작동이 발생하는 사례가 빈번해지고 있다.

이러한 관심은 최근 영국 정부와 미국 의회가 나노물질의 환경영향평가를 조사하도록 공식적으로 연구비 지원에 나서면서 더욱 커지고 있다. 영국 정부는 왕립학회와 왕립공학아카데미에 나노기술이 사회 · 환경 · 윤리에 끼칠지 모를 영향에 대하여 폭넓게 조사할 것을 요청하였다. 두 단체는 모임을 열어 나노기술의 현황과 유용성, 안전성 기준에 관한 논의를 시작하여 최종보고서를 내기로 하였다. 미국에서도 탄소 나노튜브 등 나노물질이 자연과 사람 몸에 들어가면 예상치 못한 독성을 일으킬 수 있다는 과학자들의 주장으로 논란이 커지자 하원이 나노기술 연구개발 관련 법안에 나노기술의 안전성 조사를 의무화한 데 이어, 상원은 환경 · 사회 · 건강에 대한 나노기술의 영향 연구에 500만 달러의 예산을 지원하는 법안을 마련하였다.

나노기술은 미국 · 일본 · 유럽 · 한국 등 각국 정부가 수억 달러의 대규모 예산으로 나노기술 연구를 지원하여왔으나 나노물질이 자연환경에 들어서면 독성을 띠어 환경과 건강을 해칠 가능성이 있다는 주장이 꾸준히 제기되면서 논란이 확대되어왔다. 유해성 조사를 주장하는 과학자들은 '나노물질 독성학' 연구를 본격화해야 한다고 제안한다.

문제는 초미세 나노물질의 새로운 화학적 성질을 현대과학이 충분히 파악하지 못한 상황에서, 나노기술의 상품화가 점차 다가오고 있다는 데 있다고 전문가들은 지적한다. 최근 국내외 과학자들이 나노 입자의 오염과 배출을 조절하는 기술을 개발하는 데 주력하고 있는 것은 바로 이 때문이다. 현재 이와 관련한 연구는 나노 입자가 발생했을 때 이를 재빨리 흡착, 제거하는 분야와 전자제품 자체에서 발생하는 극미세 분진을 제거하는 분야로 나뉘어 수행되고 있다. 나노 산업이 활성화되기 위해서는 무엇보다 나노 소재 또는 나노 제품이 발생시킬 수 있는 유해 나노 입자를 최소화하는 안전장치가 필요하다. 유·무해 나노 입자를 감별하고 측정하는 기술 표준은 물론 나노 입자의 오염과 배출에 관한 규제지침도 개발되어야 할 것이다.

2장

나노기술의 기초가 되는 기술

1. 들어가며

나노기술이 본격적으로 발전하게 된 계기가 무엇이라고 생각하는가? 20세기 중반까지는 왜 나노기술이 발전하지 못했다고 생각하는가? 간단하게 말하면 20세기 중반까지는 나노 스케일의 형상을 볼 수 없었기 때문이다. 아무리 나노기술을 구현하려고 해도 우리가 알아볼 수 없다면, 실과 바늘 꿰기도 힘든 눈먼 장님이 화려한 옷을 수놓으려는 것과 다를 바가 있겠는가? 물론 현재에도 맨눈으로 볼 수 있는 것이 아니지만, 기술의 발전으로 나노 스케일의 형상을 알아볼 수 있게 되었다. 나노 수준의 측정 및 분석 기구들이 나오면서 본격적인 나노기술의 태동이 시작되었다. 이제, 나노기술의 기반이자 핵심인 측정과 분석 툴(tool)을 알아보자.

2. 나노 구조를 해석하는 현미경 기술

1) 주사탐침현미경

나노 스케일의 물질 구조를 해석하는 데 있어, 기존의 광학현미경으로는 한계가 있다. 100nm 이하 스케일의 물질의 상태를 보려면, 렌즈의 굴절률을 이용하여 대상을 관찰하는 광학현미경과는 다르게 전기 · 전자 등을 이용한 새로운 측정방법이 반드시 필요하다. 그러면 나노 스케일의 물질 구조를 해석하는 대표적인 방법에 대하여 살펴보자.

1980년대에 개발된 획기적인 현미경이 주사탐침현미경(Scanning

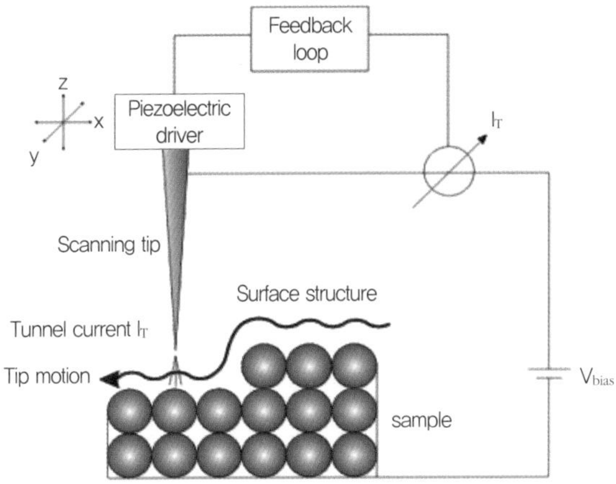

그림 2.1 STM 원리 그림
(http://monet.physik.unibas.ch/nanolab/stm.html)

Probe Microscope, SPM)이다. 그림 2.1에서 알 수 있듯이 주사탐침현미경이란 원자 스케일로 날카롭고 뾰족하게 가공한 탐침(probe or tip)을 고체시료 표면에 직접 접촉하거나 근접시킨 후 위에서 시료 표면을 왕복하며 쓸듯이 스캐닝(주사)하여 시료 표면의 형상을 알 수 있는 현미경의 총칭이다. 또한 형상뿐만 아니라 자기력과 정전기적 반발력 등 시료가 가지는 여러 가지 힘이나 특성을 측정하는 것도 가능하다. 그리고 시료의 형상과 자기적 · 전기적 성질을 화상으로 표시할 수 있다.

주사탐침현미경에는 주사형 터널링 현미경(Scanning Tunneling Microscope, STM)과 원자력 현미경(Atomic Force Microscope, AFM) 등이 있다. STM은 시료에 탐침을 접근시킬 때 탐침과 시료 사이의 공간을 투과하는 전류(터널링 전류)의 변화를 측정하여 표면 상태를 알 수 있는 현미경이다. 따라서 STM은 시료가 전도성을 띠지 않는 경우에는 사용할

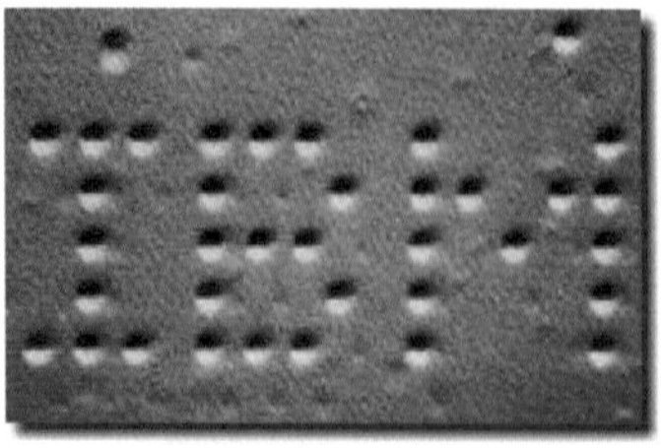

그림 2.2 Xenon 원자를 배열하여 만든 IBM 글자
(http://www.deutsches-museum.de/ausstell/meister/img/ibm.jpg)

수 없는 단점이 있다. 전도성이 없는 시료를 측정하려면 AFM을 이용하는데 이것은 시료와 탐침 간에 작용하는 원자 간의 힘을 측정하는 것이다. 잘 휘어지는 캔틸레버(cantilever) 끝에 달려 있는 뾰족한 탐침과 시료 표면 간에 작용하는 '원자 반발력', 즉 인력과 척력을 이용하여 캔틸레버가 미세하게 휘게 되고 그 휘는 정도를 레이저 광의 굴절을 이용해 측정한 후 표면정보를 얻는다. 이와 같은 원리로 수 나노미터 스케일 표면 형상도 측정할 수 있다. 그리고 SPM은 물질, 재료를 관찰하는 것뿐만 아니라 탐침을 사용하여 원자를 하나씩 조작할 수도 있다. 탐침에 전압을 가하여 원자를 탐침에 달라붙게 하거나 원자와 원자 사이에 탐침을 넣고 눌러줌으로써 원자 간의 연결을 절단할 수도 있다. 그림 2.2에서 보여주듯이 1991년 IBM의 에이글러(Donald M. Eigler) 박사는 이 방법을 이용하여 크세논(Xenon, Xe) 원자를 나열하여 IBM이라는 글자를 나노 크기로 썼다.

2) 전자현미경

1930년경에 제작된 전자현미경은 전자 빔을 매우 가늘게 모아 시료에 쪼여 그 확대상을 얻는 장치다. 현재는 원자 한 개까지 볼 수 있는 분해능(resolution)이 실현되어, SPM과 함께 많이 이용되고 있다. 전자현미경은

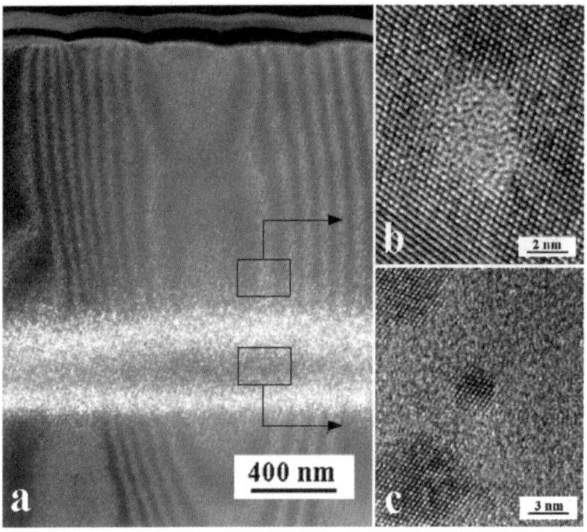

그림 2.3 TEM image 원자의 배열까지 정밀하게 측정할 수 있다.
(http://www.bo.imm.cnr.it/research/ionimpl/LARGE_TEM.html)

그 원리에 따라 투과전자현미경(Transmission Electron Microscope, TEM), 주사전자현미경(Scanning Electron Microscope, SEM), 전자 손실 분광형 전자현미경(Electron Energy Loss Spectroscope Microscope) 등 몇 가지로 나눌 수 있다.

투과전자현미경(TEM)의 측정원리는 선사총에서 나온 전자 빔이 몇 개의 조리개 렌즈를 통과하면서 모아진 후 시료에 닿은 후 시료를 투과한 전자 빔을 다시 렌즈로 확대하여 화상을 만드는 것이다.

주사전자현미경(SEM)은 초점이 잘 맞추어진 전자선(electron beam)을 표본의 표면에 주사한다. 주사된 전자선이 표본의 한 점에 집중되면 일차 전자만 굴절되고 표면에서 발생된 이차 전자는 검파기(detector)에 의하여 수집된다. 그 결과 생긴 신호들이 여러 점에서 모여들어 음극선관(cathode ray tube)에 상을 형성하게 한다. 주사전자현미경의 특징은 초점

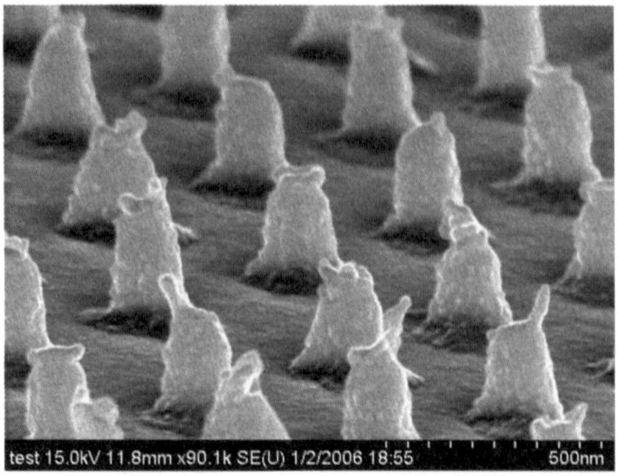

그림 2.4 SEM image 200nm 구조물의 형상을 선명한 화질로 측정할 수 있다.

이 높은 심도를 이용하여 비교적 큰 표본을 입체적으로 관찰할 수 있다는 것이다. 이 SEM을 이용하여 박막 등의 나노 스케일 형상을 알 수 있으며, 다시 더 확대하면 어떻게 원자가 나열되어 있는가를 볼 수 있다. 그리고 샘플에 전자선을 쪼였을 때에 나오는 X선을 분석함으로써 어떤 원소가 있는지도 알 수 있다.

3) 주사탐침현미경 vs. 전자현미경

SPM과 전자현미경을 통하여 얻을 수 있는 정보는 다르다. SEM 또는 TEM과 같은 전자현미경으로 관찰할 때는 100~200keV(kilo electron volt)의 매우 높은 에너지의 전자를 시료에 쪼이기 때문에 원자의 표면이 아니라 그 내부에 있는 모든 전자의 양과 분포를 조사할 수 있다(500keV 넘는 고전압 전자현미경이 개발되어 두꺼운 시료도 분석할 수 있음). 이와 달리 SPM은 내부에 있는 전자는 관측할 수 없으며 표면에 있는 전자의 상태를 통하여 원자의 배열 상태를 알 수 있다. 또한 SPM으로는 자기력 등 시료에 분포해 있는 여러 가지 힘을 직접 검출할 수 있지만 전자현미경은 어디까지나 전자가 어떻게 분포하고 있는가를 본다는 점에서도 큰 차이가 있다.

3. 여러 가지 나노 특성 분석 툴

1) X선 회절법

X선 회절법(X-ray Diffraction, XRD)은 주사탐침현미경이나 전자현미경처럼 직접적인 형상을 볼 수 있는 것은 아니지만, 나노 수준의 물질의 구조를 알아낼 수 있는 중요한 방법 중 하나다. 회절 현상은 빛과 소리 또는 전파 등 파동이 장애물에 충돌하여도 장애물의 뒤로 돌아가는 현상이다.

X선 회절법의 원리는 구리, 철 등의 음극에 전자선을 쪼일 때 방사되는 X선을 시료에 입사시켜 그 X선의 파장과 비슷한 주기의 원자 배열이 있으면 각도에 따라 X선의 파가 회절하는데 그 회절 상태를 분석하여 원자 또는 분자의 구조를 알아내는 것이다. 그러나 통상의 X선 분석법에서는 해석 대상의 원자 배열이 1nm, 10nm와 같이 주기가 커짐에 따라 X선의 간섭이 약해져 회절이 일어나기 어렵다. 즉 통상의 X선은 수 옹스트롬(Å : Angstrom, 1nm = 10Å)의 주기 구조 해석에는 알맞지만 나노 스케일의 구조 해석에는 알맞지 않다. 또, 생체 물질처럼 탄소로 만들어진 가벼운 물질인 경우도 회절할 때 그 강도가 매우 약해진다. 이것은 가벼운 원소는 전자의 수가 적기 때문에 X선을 입사시켜도 전자가 많이 산란하지 않기 때문이다.

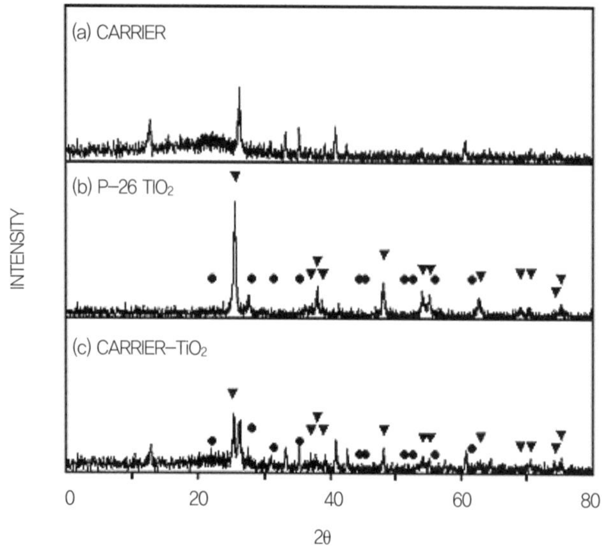

그림 2.5 XRD 분석 후의 결과 표면 물질을 알고 있는 상태에서 각도에 따른 피크(peak) 값을 XRD를 통하여 계측하여 표면구조나 결정방향을 알아낼 수 있다. (http://www.nanosolution.co.kr)

2) 그 외의 구조 분석 툴

XRD의 단점 때문에 단백질 또는 초격자 등의 긴 주기를 가진 구조의 물질과 재료 분석에는 X선 대신 매우 강한 빛인 방사광(싱크로트론 방사: Synchrotron Radiation)을 사용한 회절법을 이용한다.

핵자기 공명법(Nuclear Magnetic Resonance, NMR)도 나노물질의 구조 해석에 자주 사용되며, 이 방법은 분자 구조, 특히 단백질처럼 큰 분자의 구조를 결정하는 데 사용되는 방법이다. NMR은 의학과 생물학에서 특히 많이 이용되고 있으며, 생체의 임의의 단층상을 얻을 수 있는 MRI(Magnetic Resonance Imaging)가 대표적인 예다. NMR법은 샘플에 강한 자장을 가해주는 방법으로 원자핵의 스핀 자전이 분열된 에너지 준

위에 마이크로파를 쪼여 물질 중에 함유되어 있는 핵스핀의 에너지 준위 간의 전이를 알 수 있으며, 이것에 의하여 원자가 어떤 환경에 놓여 있는지 알 수 있다. 이것을 계속적으로 분석하면, 메틸기(methyl-)와 아미노기(amino-)가 어떤 모양을 하고 있는가를 알 수 있다. NMR은 큰 주기를 가진 유기 분자와 생체 분자의 구조 분석에 매우 유용한 방법이다.

그 외에 물질에 전자 빔을 조사하여 거기서 나오는 전자 에너지를 분광하는 전자 분광법과 적외 분광법 등도 나노 구조를 분석하는 수단으로 이용되고 있다.

3장

나노기술의 개발과 실제 적용 사례

1. 들어가며

이 장에서는 나노기술의 실제 적용 사례를 살펴봄으로써, 나노기술이 산업에서 차지하는 위치와 중요도를 알아본다. 이를 통하여 21세기 모든 산업 분야에서 나노기술이 어떻게 적용될 수 있을 것인지 가늠해보기로 하자.

2. 반도체 기술

나노기술의 적용 사례 중 가장 대표적인 것은 반도체 생산기술이다. 초기의 마이크로 수준에서 나노 수준까지의 top-down 방식으로 꾸준히 그 제작 한계 크기(critical dimension)를 줄이며 발전하고 있는 반도체 기술 중 나노기술과 관련된 부분을 간략하게 알아보자.

반도체와 관련된 정보를 접하다 보면 나노 생산(nano fabrication, 보통의 경우 나노팹이라고 줄여서 칭함)이라는 단어가 흔히 쓰이는데, 이는 일반적으로 반도체를 만드는 시설을 통틀어서 일컫는다. 고집적 반도체를 만드는 데는 일반적인 제품을 만드는 데 비하여 훨씬 정교하고 공정이 복잡하고, 특히 반도체 내부의 구조물의 선폭을 줄이는 것이 고성능의 반도체를 제조하는 데 더욱 중요한 사항 중 하나라고 할 수 있다. 이 때문에 현재 세계 주요 반도체 업체들은 더욱 미세한 나노기술을 개발하기 위하여 치열하게 경쟁하고 있다.

참고자료 3.1 시장에 소개된 나노기술을 이용한 제품의 예

응용분야: 촉매

회 사 명: 엑슨모빌(Exxonmobil)

특 징: 크기가 1nm 이하인 지올라이트(Zeolites)는 거대한 탄화수소를 한층 더 효율적으로 분해하여 가솔린을 형성하는 촉매제로 사용된다.

응용분야: 데이터 저장

회 사 명: IBM

특 징: 몇 년 전부터 디스크 드라이브에는 강력한 자기저항 효과를 얻을 수 있는 나노 두께의 물질 층이 추가되었다. 이로 인하여 높은 데이터 밀도를 확보할 수 있게 되었다.

응용분야: 약물전달

회 사 명: 질리어드 사이언시스(Gilead Sciences)

특 징: 지름이 100nm 정도가 되는 리포솜(liposome)이라는 구형의 지질 물질이 항암제의 겉을 둘러싸서 에이즈와 관련된 카포시 육종(Kaposi's sarcoma)을 치료한다

응용분야: 원료 제조

회 사 명: 카본나노테크놀로지(Carbon Nanotechnologies)

특 징: 버키볼을 발견한 리처드 스몰리의 공정을 적용하여 더 저렴한 가격으로 탄소 나노튜브를 생산한다.

응용분야: 재료 특성 개량

회 사 명: 나노페이스 테크놀로지(Nanophase Technologies)

특 징: 나노 크리스털 입자들은 다른 물질과의 작용을 통하여 한층 더 견고한 세라믹이나 적외선, 자외선을 차단하는 투명 물질 및 환경공학적인 촉매제 등을 생성한다.

2006년 1월, 인텔은 45나노미터 공정 기술을 사용하는 첫 번째 완전 기능 S램을 제조함으로써 45나노 로직 기술 개발에 중요한 전기를 마련했다고 발표하였다. 인텔은 90나노 기반 마이크로프로세서에 이어 2005년에도 65나노기술을 이용한 코어 듀어 프로세서로 저전력 프로세서 시장을 주도하고 있던 상황에서 45나노기술로의 진화를 이루어냈다. 10억 개의 트랜지스터를 가진 45나노 S램 칩 개발은 45나노 제조 공정에 기반한 본격적 프로세서 및 기타 로직 칩 생산에 앞서 기술 성능, 공정 산출, 칩 신뢰도 등을 입증하는 단계이며, 대량 생산을 위한 핵심적인 첫발을 내디딘 것이라고 할 수 있다. IBM도 AMD 등과 함께 현 90나노 수준에서 한 단계 나아간 60나노기술을 개발하고 있고 45나노에 대한 초기 연구도 진행 중이며, 삼성전자의 경우 2005년에 50나노 기반 낸드플래시 개발에 성공하며 메모리 반도체를 중심으로 나노기술의 발전에 주력하고 있다. 이처럼 각 업체가 나노기술 발전에 주력하는 것은 보다 미세한 공정이 도입될수록 작은 칩 크기 제작이 가능하고 전력 소모량이 대폭 감소되기 때문이다. 인텔의 45나노 공정 기술의 경우 현재 공급되고 있는 칩보다 전력 누출량이 5분의 1 이하로 감소되고, 소비전력 감소는 모바일 기기의 배터리 수명 증가와 더 작은 크기를 구현할 수 있게 해준다.

이렇게 반도체 기술은 격렬한 시장 경쟁을 통하여 급속하게 발전하고 있으며, 그 공정 기술의 핵심은 누가 더 크기를 줄일 수 있느냐에 초점을 맞추고 있다. 현재 반도체 기술로는 대략 수십 나노미터 정도까지의 구조물을 만들 수 있으나, 보다 고성능의 반도체 제품을 만들기 위해서는 더욱 정교한 구조물을 만들어내야 하므로 한층 더 발전된 나노기술이 필요하다.

반도체 내의 나노 구조물을 만드는 가장 대표적인 방식은 포토리소

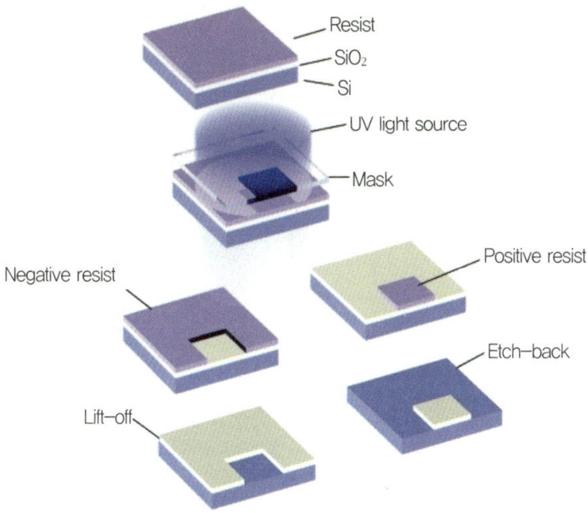

그림 3.1 포토리소그래피 개략도

그래피(photolithography)다. 기존의 반도체들은 거의 전량이 이 방식으로 만들어지고 있지만, 포토리소그래피 기술은 장비의 가격이 비싼데다 고집적으로 갈수록 한계를 보이는 등 단점이 존재하여 많은 대체 공정 기술을 연구하고 있다. 따라서 E-Beam Lithography, EUV Lithography, X-Ray Lithography 등의 새로운 개념의 리소그래피는 물론 리소그래피 외에 Self Assembly, Nano Imprint, STM Control 등의 새로운 방식의 구조 제작 방법을 다양하게 연구하고 있다.

3. 탄소 나노튜브

탄소 나노튜브는 1991년 NEC의 이지마(S. Iijima) 박사가 발견했는데, 전도성이 우수하며 저전압에서 전자 방출이 잘 되는 성질이 있다. CNT를 이용한 FED(Field Emission Device)는 저 소비전력, 고정밀, 저비용을 기대할 수 있다. CNT에 대한 응용연구 성과로는, 벽걸이 TV를 위한 CNT-FED 개발에 따라 CNT 박막기술, 패턴 에칭 기술, CNT 박막 위에 절연 박막을 적층하는 가공기술 등이고, 벽걸이 TV 응용뿐만 아니라 트랜지스터 등의 응용에 유효한 기술이 되고 있다. 또한 대체 에너지에 대한 관심 증가로 수소 저장 매체와 연료 전지 응용이 기대된다.

탄소 나노튜브는 탄소 6개로 이루어진 육각형들이 서로 연결되어 관 모양을 이루고 있는 신소재다. 탄소 나노튜브의 길이는 수십 nm~수 m 이고, 외경은 2.5~30nm이다. 탄소 나노튜브에서 하나의 탄소원자는 세 개의 다른 탄소원자와 sp^2 결합의 육각형 벌집무늬를 이루며, 이 튜브의 직경이 대략 수 nm 정도로 극히 작기 때문에 나노튜브라고 부르게 되었다. 만약 평평한 종이 위에 이러한 벌집 패턴을 그린 후 종이를 둥글게 말면 나노튜브 구조가 된다. 즉 나노튜브 하나는 속이 빈 튜브(혹은 실린더)와 같은 모양을 하고 있다. 물성이 매우 뛰어나 전기 전도도가 구리와 비슷하고, 열전도율은 자연계에서 가장 뛰어난 다이아몬드와 같으며, 강도는 철강보다 100배나 뛰어나다. 탄소섬유는 1%만 변형시켜도 끊어지는 반면 탄소 나노튜브는 15%가 변형되어도 견딜 수 있다. 이 물질이 발견된 이후 과학자들은 합성과 응용에 심혈을 기울여왔는데, 반도체와 평판 디스플레이, 배터리, 초강력 섬유, 생체 센서, 텔레비전 브라운관 등 탄소 나노튜브를 이용한 장치가 수없이 개발되고 있으며, 나노 크기의 물질을 집어 옮길 수 있는 나노 집게로도 활용되고 있다.

또한 나노튜브는 그 구조와 직경에 따라 금속과 같은 전기적 도체가 되기도 하고 또 선택적으로 전기가 통하는 반도체가 되기도 한다. 나노튜브 한 개가 반도체가 될 수 있다는 사실은 이미 알려져 있다. 그러나 이것이 반도체 소자로 쓰이려면 큰 문제가 있다. 현재 반도체 공정의 재료로 가장 널리 쓰이는 실리콘에서와 같이 트랜지스터 등에 이용하기 위해서는 반드시 도핑(dopping)이란 과정을 거쳐야 한다. 순수한 반도체는 전기를 거의 통하지 못하는데 붕소(boron), 인(phosphorus) 같은 소량의 불순물을 첨가하여 소위 p-형 혹은 n-형의 반도체를 만들어야 하며, 이런 과정을 도핑이라고 한다. 도핑을 한 반도체에는 미량의 전류가 흐를 수 있으며 이것을 외부전압을 통하여 조정함으로써 반도체 소자로 이용할 수 있게 된다. 그리고 잘 알려진 바와 같이 이러한 반도체 소자는 컴퓨터, 각종 통신장비, 전자기구, 큰 기계의 자동조절장치, 그리고 첨단 자동차 내부에까지도 이용되어 첨단산업의 총아가 되어왔다. 그런데 탄소 나노튜브는 도핑하기가 극히 어려워 반도체로서의 응용이 힘든 것으로 생각되어온 것이 사실이다.

1) 탄소 나노튜브의 발전사

1991년 탄소 나노튜브가 처음 발견된 이후 1992년 에베센(T.W. Ebbesen), 아자얀(P.M. Ajayan) 등은 전기방전법을 사용하여 탄소 나노튜브를 합성할 때, 챔버 내의 헬륨 압력을 높일 경우 흑연 음극상에서 탄소 나노튜브의 합성수율이 크게 증가한다는 사실을 발표하였다. 1993년에는 IBM의 베쑨(Bethune) 등과 NEC의 이지마(Iijima) 등이 전기방전법을 사용하여 직경이 1nm 수준인 단일벽 나노튜브(single walled nanotube, SWNT) 합성을 각각 발표하였다. 이어서 1996년 스몰리(R. Smalley) 등은 레이저 증착법(laser vaporization)으로 직경이 균일한 나노튜브를 고수율로 성장시키는 방법을 발표하였고, 이 경우 성장된 나노튜브는 다발 형태로 존재하여 이 형태를 다발형 나노튜브(rope nanotube)로 명명하였다. 1998년에 렌(Ren) 등이 플라즈마 화학 기상 증착법을 사용하여 글라스 기판 위에 수직 배향된 고순도의 탄소 나노튜브를 합성시킴으로써 탄소 나노튜브의 합성과 응용기술면에서 획기적인 진전을 가져오게 되었다. 그 이후로 국내외적으로 많은 연구자가 탄소 나노튜브 합성과 응용에 관한 연구를 활발히 수행하고 있다.

현재의 탄소 나노튜브 기술은 대량합성방법, 정제방법, MWNT 및 SWNT 합성방법, 수직배향 합성기술, end-cap을 제거하고 이물질을 삽입하는 방법 등에 괄목할 만한 성과를 보여주고 있다. 그러나 현재까지도 나노 시스템이 갖는 복잡성, 다양성, 미세성 등과 같은 특성 때문에 탄소 나노튜브의 합성과 응용에 관한 연구가 많이 요구되고 있는 상황이다. 탄소 나노튜브의 합성기술은 1998년을 기점으로 기존의 전기방전법, 레이저 증착법에서 CVD법으로 급격히 전환되면서 생산에 많은 진전이 있었지만, 그 활용에 있어서 탄소 나노튜브의 구조와 형태 제어, 대면적 합성기술, 저온합성 기술 등에 아직 해결해야 할 과제들이 많이 있다. 탄소 나노튜브의 물성은 많은 학자에 의하여 뛰어난 전기적 · 기계적 성질을 가진다고 이론적으로 증명되었고, 이는 실험적으로 확인되었다. 이러한 탄소 나노튜브의 우수한 물성 때문에 emitter 및 디스플레이 응용, 2차 전지 및 연료전지, 나노 부품 및 시스템, 고기능 복합체 등에 관한 탄소 나노튜브 응용연구를 더욱 활발히 진행할 예정이다. 특히 탄소 나노튜브의 합성과 응용연구 활성화에 힘입어 첨단 전자정보산업 분야의 적용이 빠른 속도로 발전하고 있어서, 차세대 평판 디스플레이 산업 분야에서 국내의 기술경쟁력 확보에 크게 기여할 수 있을 것으로 기대된다. 탄소 나노튜브 관련 분야의 논문이 하루 1편 이상 게재될 만큼 연구가 국내외에서

적극적으로 추진되고 있으나 아직까지도 미개척 연구개발 분야가 많은 상태다.

2) 미래 신소재로서의 나노튜브

새로운 탄소 반도체의 장점은 아래와 같이 요약할 수 있다.

첫째, 탄소 반도체는 이미 도핑이 된 효과를 지니고 있어 그 응용을 위하여 따로 도핑할 필요가 없다는 것이다. 반도체 소자 제작공정에서 하나의 중요한 과정이 줄어들어 유리해진다. 이것은 실제 대량생산을 염두에 둘 때 큰 장점이 된다.

둘째, 재료의 크기가 나노미터 수준으로 작기 때문에 만약 수 나노미터 정도 크기의 기억소자나 회로를 만든다면 현재 최첨단의 집적회로 선폭의 백분의 일 정도가 된다. 넓이로 따져 만분의 일이므로 현재보다 만 배 정도 집적도가 높은 칩을 만들 수 있다는 계산이 나온다. 기억소자로 이야기하면 그 집적도가 테라(1012 즉 1조) DRAM에 이른다. 다시 말하여 엄지손톱만한 면적에 *Encyclopedia Britannica* 전집의 100배 가까운 정보를 기억시킬 수 있다는 이야기다. 이렇게 되면 인류 과학기술의 궁극적 반도체소자로 생각되는 단일전자 트랜지스터(single electron transistor) 혹은 단일전자 기억소자에 거의 접근하게 된다. 즉 전자 한 개의 움직임을 조정하여 작동하는 논리소자나 전자 한 개를 잡아두었다가 놓아주는 것으로 기억의 한 단위(bit)를 삼는 소자에 접근하는 것이다.

셋째, 탄소 원자 사이의 결합은 현재 반도체의 주종을 이루는 실리콘보다 훨씬 더 강하다. 따라서 실내온도의 공기 중에서 화학적으로 극히 안정되고 강하며, 전자회로 외에도 초강력 섬유나 열, 마찰에 잘 견디는 표면재료로도 쓸 수 있다. 기존의 흑연섬유도 강철만큼 강하지만 새로운 나토튜브 섬유는 그보다 10배 이상 강하다. 그리고 열전도도가 실리콘보다 훨씬 높아 열을 잘 방출하므로 반도체소자가 작동하면서 뜨거워지는 문제가 쉽게 해결된다.

넷째, 탄소는 화학적으로 성질이 많이 연구되어 있으므로 폴리머(합성수지, 즉 고분자 화합물)를 만드는 기술이 고도로 발전된 노하우를 이용하여 새로운 방면에 응용이 가능하다. 실리콘에서는 어려웠던 생물체와의 직접적인 정보교환 등이 용이해질 것으로 기대된다.

그러나 문제점도 만만치 않은데, 우선 그 생산 과정에서 고도의 기술이 필요하므로 대량생산이 아직 요원하고, 원하는 트랜지스터를 만들기 위하여 회로를 어떻게 구성할 것인지도 해결해야 할 문제다. 기존의 실리콘에서는 기본적으로 실리콘 위에 화학적으로, 즉 etching으로 회로를 그리는 기술이 필요했지만 여기서는 이미 존재하는 가는 선을 원하는 대로 배열시키는 기술이 필요하다. 따라서 기존의 반도체를 개량하는 것보다 전혀 새로운 응용가능성을 탐구하는 것이 바람직하다. 예를 들어, 튜브들을 정밀하게 배열하지 않고 어느 정도 뒤엉킨 상태 그대로 놓고 소위 병렬 분산 기억(parallel distributed memory) 소자로 쓴 것이 한 예다. 이것은 인간의 두뇌에서 다른 사람의 얼굴을 전체적으로 기억하고 알아보는 것과 비슷한 개념의 기억방법이다. 인간의 두뇌에는 가는 신경세포들이 복잡하게 뒤엉켜 있다. 그러면서 두뇌는 그 어떤 컴퓨터보다 월등하게 사람의 얼굴을 기억하고 또 회상해낼 수 있다. 이것은 기존의 기억소자와는 전혀 다른 기억방법이며 신경회로망이라는 학문 분야에서 연구하고 있으나 아직은 그 신비를 밝혀내지 못한 상태다.

반도체소자와 초강력섬유 이외에도 탄소 나노튜브의 용도는 다양하다. 미국의 한 회사(Hyperion Catalysis International Company of

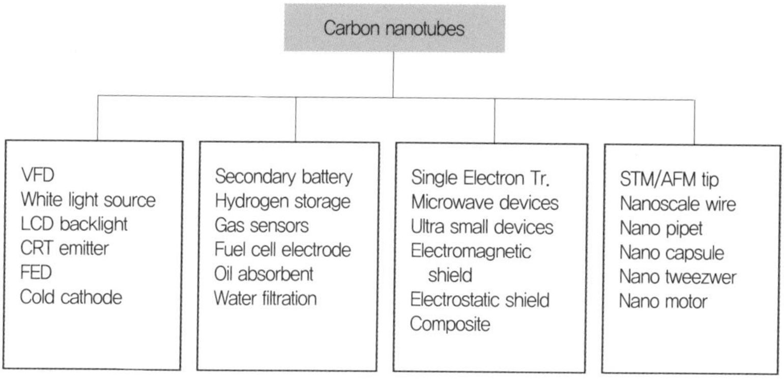

그림 3.2 Carbon nanotubes의 응용 분야

Cambrideg)는 플라스틱에 소량의 전도성 나노튜브를 섞으면 페인트칠을 낭비 없이 고르게 할 수 있음을 알아내어 이렇게 처리한 플라스틱을 자동차 부속품으로 사용하고 있다. 그리고 튜브 속에 빈 공간이 있음에 착안하여 그 속에 다른 화학물질인 약 성분을 넣었다가 필요한 경우에 (혹은 필요한 신체의 부분에 도달했을 때) 배출하는 기술(drug delivery)도 연구하고 있다.

물론 튜브 바깥 표면에 다른 분자들을 부착시켜 다양하게 이용할 수도 있다. 현재로서는 탄소 나노튜브, 그 다발(로프), 혹은 튜브의 뭉치들을 구체적으로 어느 곳에 많이 사용할 것인지 미지수다. 탄소반도체가 인류생활에 어떻게 이바지할 것인가는 앞으로 과학자와 공학자의 끊임없는 연구와 기술개발에 달려 있다. 탄소 나노튜브의 합성과 응용에 대한 연구는 외국의 선진연구 그룹에서도 아직 초기 단계이므로 우리나라에서도 탄소 나노튜브 분야의 연구에 집중적으로 노력을 기울이면 머지않아 국제 경쟁력을 확보할 수 있을 것으로 예상한다.

3) 연료전지에서도 탄소 나노튜브

연료전지(fuel cell)는 연료의 연소에너지를 열로 바꾸지 않고 직접 전기에너지로 바꾸어주는 장치를 말한다. 산소 혹은 공기, 수소, 알코올 등을 연료로 사용하면 현재 고갈 위기에 처한 화석연료를 부분적으로 대체할 수 있다. 그리고 유해 배기가스와 이산화탄소 등이 거의 발생하지 않는 것도 큰 장점이다. 연료전지 자동차는 조만간 실용화할 전망이며 일반 주택의 전원으로 연료전지의 도입을 고려하고 있다. 연료 전지의 원리는 양극에서 공기와 산소를, 음극에서 수소와 메탄올 또는 가솔린 등의 탄화수소를 반응(연소)시킨다. 연료 전지의 발전을 위해서는 수소의 저장 능력이 굉장히 중요한 요소인데, 이 분야에 탄소 나노튜브가 유용하게 활용되고 있다.

이외에 최근 미국에서는 전극물질로 탄소 나노튜브를 사용한 고분자 전해질형 연료전지(PEMFC) 개발을 완료하였다. 연료전지의 전극에는 값비싼 백금 촉매가 다량 포함되는데, 연구자들은 백금의 사용량을 줄이면서도 최대한의 이용 효율을 갖도록 하기 위하여 백금 입자의 크기를 줄이고 적절한 촉매 담체(support)에 분산시키는 연구를 다각도로 수행해왔다. 다중벽 탄소 나노튜브(multi-wall CNT)를 이용할 경우 전극 전도도의 향상과 함께 적은 비용으로 높은 촉매 효율을 얻을 수 있다. 2003년도에 국내에서도 서울대학교 현택환 교수와 광주 과학기술원 성영은 교수 팀이 새로운 연료전지용 다공성 탄소 담체를 개발하여 국내외에서 큰 반향을 불러일으킨 바 있다.

4. 나노 촉매

나노 촉매(nanostructured catalyst)란 원자, 분자 혹은 초분자로 이루어져 화학반응에 활성을 갖는 나노 크기 또는 그 이하의 크기나 구조를 갖는 물질로 정의하며, 여기에는 나노분산형 촉매와 나노 구조 촉매가 포함된다. 또한, 앞서 소개한 탄소 나노튜브도 촉매로써의 우수한 성능이 각광을 받고 있다. 촉매에서 나노기술의 응용 효과는 크게 세 분야에서 기대되고 있다. 첫째는 표면적의 확장에 의한 활성도의 증가다. 같은 양의 금속으로 촉매를 제조하였을 나노 크기로 분산시키면 촉매의 활성도는 급격하게 증가하게 된다. 둘째 이유는 촉매의 형태 효과(shape effect)다. 일반적으로 촉매의 활성도는 형상 선택성과 표면 반응 속도를 증가시킬 수 있는 구조 결함 등에 영향을 받는다. 촉매가 미세화될 경우 이와 같은 물성이 크게 변화하며 이로 인한 촉매의 선택도와 활성도의 증가를 기대하게 된다.

일반적으로 나노 촉매는 나노세공체(nanoporous materials), 나노결정형(nano crystalline) 입자체, 담체 표면 및 나노세공 내의 나노분산체, 나노 크기의 초분자체(supermolecule) 등으로 대별된다. IUPAC(International Union of Pure Applied Chemistry)의 정의에 따르면 다공성 물질은 세공 크기에 따라 구분되는데, 미세세공(microporous)은 1.5nm 이하, 메조세공(mesoporous)은 1.5~50nm, 매크로세공(macroporous)은 50nm 이상으로 정의된다. 이러한 나노 촉매는 에너지 전환 및 광촉매, 그린화학 및 환경 분야, 비대칭 합성, 생체 모방기술, 분자 인쇄기술 등 다양한 분야에서 연구되고 활용 중이다.

1) 나노 촉매의 시초: 지올라이트

모빌사의 연구를 시작으로, 촉매 유도체로 지올라이트(Zeolite)라고 불리는 구조 이용에 큰 관심이 쏠려 있다. 지올라이트는 더욱 효과적으로 석유를 생산하고, 광범위한 석유 성분 중에서 원하는 분자 생성물만 추출하는 데 쓸 수 있기 때문이다. 지올라이트를 분자의 체라고 부르기도 하는데, 그 물리적 모양이 물질을 거를 수 있게 되어 있다. 지올라이트의 구조는 나노 크기의 방과 통로가 나노 크기의 동굴이나 구멍으로 연결된 것처럼 보이며, 이 모든 구멍은 단단한 산화물을 파낸 것이다. 지올라이트 촉매에서는 통로 속에 촉매 입자가 들어 있다. 그 촉매 입자들에 의하여 장소에 따라 반응성이 달라지고, 통로의 구멍 크기 때문에 생기는 물리적인 제한으로 특정한 모양과 조성을 갖는 탄화수소만 반응을 잘 하게 된다.

그림 3.3 지올라이트 구조

이전까지는 대개 촉매 작용이 무계획적으로 이루어졌지만, 설계에 의한 촉매 작용은 원료를 더 효율적으로 사용하면서 폐기물을 줄이고 비용을 줄이는 데 기여하였다.

지올라이트는 매우 흔한 물질이다. 지올라이트 구조는 천연적으로 존재하는 것과 합성한 것을 합쳐 수백 가지가 있다. 가정용 정수기에서 지올라이트는 칼슘 이온을 염소 이온으로 바꾸어 물의 성질을 부드럽게 만든다. 지올라이트의 특별한 나노 구멍 구조가 촉매 작용의 근원이며, 이것은 나노기술에서 대규모로 수익을 낼 수 있는 최초의 분야다.

2) 나노 다공성 금

금과 은의 합금(alloy) 조각을 강한 산에 넣으면 은이 신속하게 용해된다. 역합금(de-alloying)이라고 부르는 이 과정을 거치면 매우 특이한 형태의 금이 생성된다. 역합금 과정을 거친 금 조각의 표면을 고분해능 현미경으로 관찰하면 용해 과정을 통하여 제거된 은이 차지하고 있던 자리가 빈 공간으로 남으면서 매우 미세한 구멍과 균열을 형성한 것을 관찰할 수 있다. 이렇게 형성된 빈 공간은 마치 해면(sponge)의 표면과 유사한 구조를 나타낸다. 특이한 표면 구조를 나타내는 역합금 금은 과학자들의 오랜 고민거리 중 하나였다.

존스 홉킨스 대학을 포함한 4개 대학 연구팀은 영국의 저명한 과학 저널인 『네이처(*Nature*)』지에 게재한 연구 보고서를 통하여 그간의 고민에 대한 해답을 제시하였다. 거의 원자 크기 수준의 미세 세공 구조를 나타내는 역합금 금의 생성 과정은 풀리지 않는 수수께끼였다. 그러나 연구진은 주사전자현미경(scanning electron microscope)으로 얻은 금속의 표면 영상과 복잡한 컴퓨터 모델링 과정을 통하여 역합금 과정에서 다공성 표면구조가 생성되는 방식을 설명할 수 있는 일련의 수식(mathematical equation)을 만들어내는데 성공했다고 한다. 연구진은 이 연구 보고서에서 다공성 표면구조의 형성 과정을 설명함과 동시에 역합금 과정에서 금이 일반적으로 귀금속 세공에 합금되는 밀도가 결정형으로 돌아가지 않는 이유에 대한 이론적인 설명도 제시하였다.

사실 금은 거의 불활성 물질이기 때문에 촉매로서 좋은 소재는 아니다. 하지만 나노 다공성 금 표면에 촉매 물질을 코팅한다면 우수한 촉매 작용을 나타내는 촉매로 개발이 가능할 것이다. 효소와 같은 생물학적 촉매를 코팅한다면 생의학 장치(biomedical devices) 등에 응용 가능한 센서로 사용할 수 있을 것이다. 또한, 이번 연구는 항공기 제작에 사용되는 합금 표면이 부식에 의하여 다공성 구조로 바뀌는 이유를 설명해줄 수 있을 것으로 보인다. 항공기 제작 합금의 부식 때문에 생성되는 다공성 구조는 기계적인 결함을 일으키기 때문에 매우 중요하다.

3) 환경 친화적인 나노물질: 광촉매

광촉매란 빛에 의하여 강력한 산화반응을 일으키는 물질로 활성산소를 발생하며 산화분해 작용을 촉진하는 물질을 말한다. 현재 광촉매로 가장 많이 쓰이는 물질은 이산화티타늄(Titanium Dioxide, TiO_2)으로 내산성, 내알칼리성 등이 좋으며 인체에 무해하다. 빛에 반응하여 공기 중의 유해물질을 분해하여 공기 정화 작용을 하며, 특히 유기물질 분해작용이 뛰어나서 항균성 및 악취 제거에 효과가 있다고 알려져 있다. 즉, 각종 오염물질을 무해한 물질로 변화시켜주는 친환경적 소재다. 이산화티타늄 광촉매는 n형 반도체로서 자외선(400nm)을 받으면 전자(electron), 전공대(electron hole)가 형성되어 강한 산화력을 가진 하이드록시 라디칼(–OH)

과 슈퍼 옥사이드를 생성하고, 이 하이드록시 라디칼과 슈퍼 옥사이드가 유기화합물을 산화 분해시켜 물과 탄산가스로 변화시킨다. 이런 원리로 공기 중 오염물질을 산화 분해시켜 무해한 물과 탄산가스로 변화시키고 수중의 오염물질인 유기화합물을 분해시켜 물과 탄산가스로 변화시킨다. 또한 세균도 유기화합물이므로 광촉매의 강한 산화 작용에 의해 산화 분해되어 살균된다. 따라서 이러한 이산화티타늄을 나노 크기로 재배열하여 코팅시킨다면 표면적이 늘어나 적은 양으로도 한층 더 효과적인 사용이 가능할 것이다.

4장

자연세계의 나노 법칙

1. 들어가며: MICRO to NANO

일반적으로 개미는 자기 몸무게의 30~40배에 달하는 물체를 들어올릴 수 있는 것으로 알려져 있다. 하지만 개미를 소재로 한 애니메이션 영화를 보면 물방울 속에 갇힌 개미가 단단한 막 속에 갇힌 듯 빠져나오지 못하는 장면이 나온다. 또한 일상에서도 개미와 같은 작은 곤충이 자기 몸의 몇 배에 달하는 과자 부스러기를 끌고 가다 바닥에 떨어진 작은 물방울에 갇혀 허우적거리는 광경을 어렵지 않게 관찰할 수 있다. 이러한 현상은 왜 일어나는 것일까?

그 이유는 마이크로 스케일에서는 점성이나 표면 장력 등이 중력보다 지배적인 힘으로 작용하기 때문이다. 이해를 돕기 위하여 다른 예를 들어보기로 하자. 현존하는 동물을 크기순으로 나열해보면 가장 작은 온혈(溫血) 동물은 벌새임을 알 수 있다. 그렇다면 벌새보다 더 작은 온혈 동물은 존재할 수 없는 걸까? 어떠한 물체가 균일하게 줄어든다고 가정하면 크기가 작아짐에 따라 표면적 대 부피의 비는 점차 증가한다. 이는 표면적이 길이의 제곱에 비례(l^2)하는 반면 부피는 길이의 세제곱에 비례(l^3)하기 때문인데 물체가 작아지면 작아질수록 이러한 효과는 더 크게 나타난다. 따라서 벌새보다 더 작은 온혈 동물은 늘어난 표면적을 일정한 온도로 유지할 만큼의 많은 음식을 섭취하는 것이 불가능해질 수밖에 없다. 이처럼 크기가 변함에 따라 나타나는 물리적인 현상을 설명하는 법칙을 스케일 법칙(Scale Law)이라고 하며, 이는 앞으로 우리가 다룰 마이크로/나노 세계의 물리적인 법칙, 화학적인 법칙 등을 이해하는 바탕이 될 것이다.

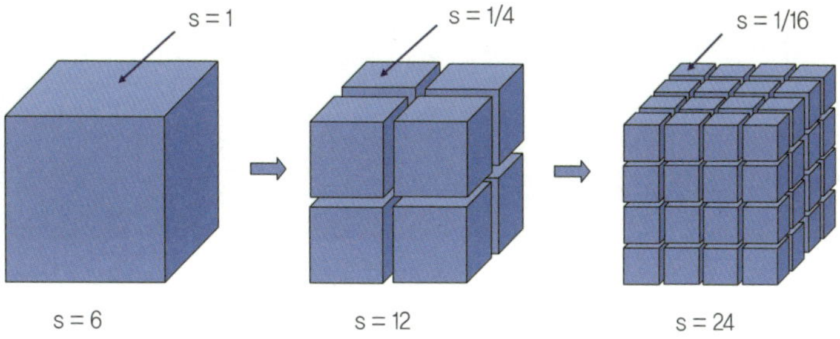

그림 4.1 정육면체의 변의 길이가 일정한 비율로 감소하는 경우 표면적이 감소하는 비율보다 부피가 감소하는 비율이 더 크기 때문에 상대적으로 표면이 갖는 특성이 더 지배적으로 나타나게 된다. 이러한 scale law는 마이크로 세계의 현상들을 이해하는 기본 원리 중 하나다.

앞에서 설명한 스케일 법칙이 우리 주변의 현상을 어떻게 설명할 수 있는지 또 다른 예를 들어보자. 우리 주변에서 흔히 볼 수 있는 소금쟁이(water strider)는 물 위를 미끄러지듯 걷는 것으로 알려져 있다. 단순히 소금쟁이가 물보다 가볍기 때문에 물 위를 걸을 수 있다고 생각하기 쉽지만 실제로는 소금쟁이의 밀도가 물의 밀도보다 더 크다고 알려져 있다. 이 말은 물의 표면에서 소금쟁이를 끌어당기는, 밀도 차에 의한 가라앉음을 이겨낼 수 있는 힘이 작용하고 있다고 해석할 수 있는데 이 힘이 바로 물의 표면 장력이다. 앞에서도 언급했듯이 마이크로의 세계에서는 중력보다 표면 장력이 더 지배적으로 작용하기 때문에 소금쟁이가 중력을 이겨내고 물 위에 뜰 수 있는 것이다.

마이크로 스케일 세계에서는 유체의 흐름도 우리 주변의 일반적인 유체의 흐름과는 다른 양상을 띤다. 유체의 흐름은 속도에 따라 저속에서는 층류(laminar flow)로, 고속일 때는 난류(turbulent flow)의 흐름 특성이 있다. 층류란 유체가 섞이지 않고 나란히 흐르는 것을 말하고, 난류란 유체가 불규칙하게 뒤섞여 흐르는 것을 말한다. 유체의 흐름이 층류에

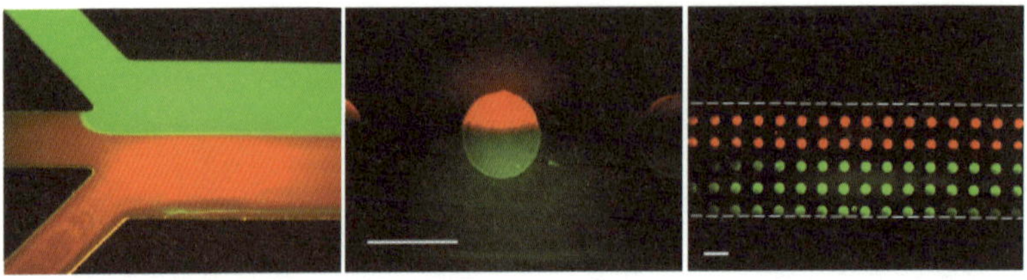

그림 4.2 마이크로 채널 내의 층류 유동 유체가 흐르는 관의 크기가 마이크로 단위가 되면 서로 다른 유체가 섞이지 않고 흐르는 층류 유동을 관찰할 수 있게 된다. 마이크로 단위에서의 유체의 흐름을 제어하고 혼합, 분리하는 연구는 마이크로 기술의 핵심 분야 중 하나다.

서 난류로 바뀌는 현상을 천이라고 하며, 천이가 일어나는 레이놀즈 수(Reynolds Number)를 임계 레이놀즈 수(Critical Reynolds Number)라고 한다. 즉 레이놀즈 수는 유체의 흐름 특성을 규명하는 기준이 되는 수치라고 할 수 있다. 일반적으로 유체의 밀도와 점성 등의 값으로 나타내는 레이놀즈 수는 다음과 같다.

$$R_e = \frac{\rho VL}{\mu} \tag{1}$$

위의 식에서 ρ는 유체의 밀도, V는 유체의 속도, L은 특성 길이를, μ는 유체의 점성 계수를 의미한다. 일반적으로 관로 유동의 경우 레이놀즈 수의 값이 2000 이하의 값일 때는 층류, 2000~4000 사이의 값에서는 천이, 4000 이상의 값에서는 난류 유동의 특성을 가질 수 있다. 그렇다면 우리가 관심을 가지고 있는 마이크로 스케일 세계에서의 유체의 흐름과 레이놀즈 수는 어떠한 관계가 있을까? 유체의 밀도나 점성의 크기는 유량에 관계없이 일정하므로, 유체가 흐르는 관의 크기가 마이크로 단위로 작아지면 특성 길이 L의 값이 작아지고, 그에 따라 유체가 갖는 레이놀즈 수의 범위도 2000 이하가 되어 관을 따라 흐르는 유체는 층류의 특성을 띠게 된다. 유체가 층류의 특성을 띠면 그림 4.2에서 알 수 있듯이 서로 다른 유체가 하나의 관 내에서 흐를 때 섞이지 않고 독립적으로 흐르는 것을 관찰할 수 있다. 이러한 유체의 흐름 특성 역시 우리가 마이크로 세계를 이해하는 데 중요한 현상 중 하나다.

지금까지 마이크로 스케일 세계에서 일어나는 현상과 그 원리를 우리 주변에서 흔히 관찰할 수 있는 예를 통하여 알아보았다. 거시 세계와는 달리 마이크로 스케일의 세계에서는 표면 장력 등의 힘이 지배적인 힘으로 작용한다는 것을 알 수 있었고 스케일이 작아짐에 따라 유체의 흐름 특성도 거시 세계와는 다른 특성을 가진다는 것을 알 수 있었다. 그렇다면 이러한 마이크로의 세계보다 더 작은 세계, 즉 나노의 세계에 들어가면 어떠한 현상들이 나타날까? 이 단원에서는 나노 세계에서 나타나는 현상들을 나노 물리, 나노 화학으로 나누어 살펴보고, 그러한 현상들이 나타나는 원리를 알아봄으로써 뒤에서 다룰 나노 가공 기술과 이를 응용한 나노 소자 개발을 이해하는 데 바탕이 되는 기본 지식을 쌓도록 한다.

2. 나노의 세계

나노의 세계에서 관찰할 수 있는 여러 가지 현상은 나노라는 단위가 원자보다는 크고 마이크로 단위보다는 작다는 사실에 기인한다. 일반적으로 자연계는 91가지의 원자에 의하여 구성된다고 알려져 있다. 바꾸어 말하면, 원자 레벨에서는 그 크기가 너무 작아서 원소 91가지의 물성밖에 나타나지 않음을 의미한다. 반대로 마이크로 수준에서는 물질의 크기가 너무 커서 집합체로서의 물성밖에 보이지 않는다. 따라서 원자 수준의 정전

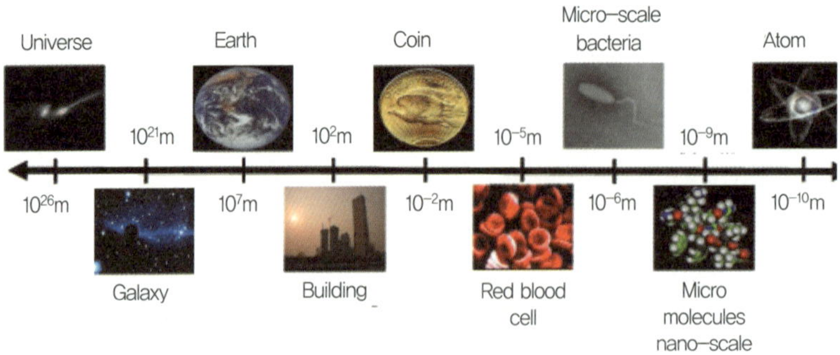

그림 4.3 나노의 세계는 원자들 간의 힘의 법칙이 지배하는 세계와 물질의 특성이 나타나는 마이크로미터 사이의 경계 영역이다.

기력이나 인력이 지배적으로 작용하는 미시 세계와 중력 등이 지배적으로 작용하게 되는 마이크로 이상의 거시 세계에 위치한 나노의 세계에서는 지금까지 알려지지 않은 새롭고 흥미로운 물성과 불가사의한 현상을 볼 수 있다. 나노기술을 이용하여 인류에게 도움이 되는 실용적인 장치를 만들 수 있다. 이러한 나노기술을 이해하려면, 나노의 세계를 지배하는 물리, 화학적인 법칙들에 대한 충분한 이해가 선행되어야 한다.

3. 나노 물리

1) 미시세계의 지배방정식: 슈뢰딩거 파동 방정식(Schrödinger Wave Equation)

뉴턴(Isaac Newton)은 1697년 출판된 『프린키피아(*Principia*)』에서 세 가지 운동 법칙을 발표하였다. 이후 물체의 질량 및 힘의 개념과 관계가 명확하게 정립되었으며, 고전 역학의 토대가 마련되었다. 뉴턴이 정립한 세 가지 운동 법칙 중 두 번째 법칙이 바로 물체 운동의 시간적 변화는 물체에 작용하는 힘의 방향으로 일어나며, 힘의 크기에 비례한다는 것으로 우리에게는 흔히 뉴턴의 운동 방정식으로 알려져 있다.

$$F = ma = m\frac{d^2x}{dt^2} \tag{1}$$

3차원 공간도 마찬가지지만 설명의 편의를 위하여 1차원만을 고려하면, 뉴턴의 운동 방정식은 질량이 m인 물체에 F라는 힘이 작용할 때 x라는 위치를 만족하는 식으로서 이 x만 구하면 이 물체에 대한 모든 물리량을 구할 수 있다고 해도 과언이 아니다. x을 시간에 대하여 미분하면 물체의 속도가 나오고, 그 속도에 물체의 질량을 곱하면 물체의 선운동량이 나오는 것처럼 물체에 속한 물리량은 빠짐없이 구할 수 있는 것이다. 그렇다면 이 뉴턴의 운동 방정식을 우리가 다루는 나노 세계의 물체의 운동에도 적용할 수 있을까? 앞에서도 다루었지만 나노의 세계는 양자 역학이 지배하므로 거시 세계에 적용하는 고전 역학의 개념을 그대로 적용할 수 없다. 미시 세계에서는 거시 세계에서처럼 물체의 위치를 시간의 함수로 구하여 문제를 해결하는 방법이 통하지 않는다는 것을 알려주는 경험 법칙이 바로 하이젠베르크(Heisenberg, Werner Karl)의 불확정성의 원리다. 불확정성의 원리를 수식으로 표현하면 다음과 같다.

$$\Delta x \Delta p \geq \frac{h}{2\pi} \tag{2}$$

Δx와 Δp는 각각 위치와 운동량 측정에 대한 불확정성을 나타내는 값이고 h는 우리가 고등 교과 과정에서 다룬 플랑크 상수를 나타낸다. 불확정성의 원리는 우리가 어떤 물체의 상태를 기술함에 있어 근본적인 한계

가 존재한다는 것을 의미한다. 물리적 의미로 어떤 물체의 상태를 '안다'는 것은 물체의 위치와 운동량을 안다는 것과 동일한 의미다. 고전 역학에서는 엄밀하게 통제된 환경에서 정확한 도구와 방법을 사용한다면 위치와 운동량을 '오차 없이' 알고 통제할 수 있다. 물론 오차가 없는 관측 도구를 만든다는 것은 불가능한 일이기 때문에, 고전 역학에서 물체의 위치와 운동량의 오차는 어디까지나 관측 도구의 한계에서 기인한다고 할 수 있다.

그러나 불확정성의 원리에 따르면 위치의 불확정성과 운동량의 불확정성의 곱은 특정한 값을 가지는(0이 아닌) 어떠한 값보다 반드시 크다. 이것은 우리가 어떤 물체의 위치를 Δx의 오차범위 안에서 알려고 하면, Δp로 주어지는 운동량의 오차가 위 식을 만족시키는 범위 내에서 반드시 존재하고, 우변이 0이 아니므로 Δx와 Δp는 둘 다 0이 될 수 없다는 것을 의미한다. 더 알기 쉽게 설명하면, 위치와 운동량은 동시에 절대적인 값으로 알 수 없으며, 위치와 운동량 중의 하나를 더 정확히 측정하려고 하면 다른 하나의 오차는 더욱 커지게 된다는 것이다. 주의하여야 할 것은 여기서 오차라는 것은 물리학적으로 근본적인 한계로서 관측기구의 문제가 아니라는 것이다. 고전 역학에서는 물체의 위치와 운동량을 정확히 알고, 물체의 상태에 영향을 미칠 수 있는 물리학적 조건들을 완벽히 안다면, 미래의 상태도 알 수 있다고 생각해왔다. 이러한 고전 역학의 개념들은 거시 세계의 거의 모든 문제에서 아직도 유용하게 사용되고 있다. 그렇다면 거시 세계와 미시 세계는 완전히 다른 세계이며 서로 다른 물리법칙의 지배를 받고 있는 것인가? 그것은 아니다. 하이젠베르크의 불확정성의 원리를 다시 살펴보면 우변의 플랑크 상수는 매우 작은 값이다. 따라서 절대적인 값으로서, 거시 세계에서 보면 Δx, Δp는 매우 작아 무시할 수 있는 수준이다(야구공의 궤적을 계산하는 데 있어서 원자 하나 크기의 위치의 불확정성은 무시할 수가 있으므로). 그러나 우리가 다루는 대상이 전자처럼 아주 작은 크기와 질량을 가진 물체로 내려가면, Δx와 Δp는 상대적으로 무시할 수 없는 값이 된다. 즉 불확정성의 원리는 미시 세계와 거시 세계를 구분하지 않고 통용될 수 있는 보편적인 원리이지만 거시 세계에서는 그 오차가 너무 작아 인지하기가 힘들고 영향이 미미하여 무시할 수 있으며, 고전 역학은 여전히 거시 세계를 다루는 데 있어 유용하고 올바른 접근방법이다.

그렇다면 미시 세계에서 고전 역학을 대체할 수 있는 운동법칙은 무엇일까? 오스트리아의 과학자 슈뢰딩거(Erwin Schrödinger)는 드브로이의 물질파 개념에 기초를 두고 물체의 운동을 파동 방정식으로 다루는 방법을 고안해냈다. 양자 역학은 뉴턴의 역학과는 달리 여러 사람의 이론이 통합되어 하나의 체계를 이룬 학문이기 때문에 슈뢰딩거의 파동 방정식 이외에도 미시 세계의 운동을 기술하는 이론이 있지만 슈뢰딩거의 파동 방정식은 나노 세계의 운동 방정식으로서 널리 인정받고 있다. 이 장에서는 나노 세계의 운동 방정식인 슈뢰딩거의 파동 방정식을 알아보고 방정식이 의미하는 바를 알아봄으로써 나노 세계의 물리 법칙에 대한 이해를 돕기로 한다.

만약, 전자와 같은 대상 물체 한 개가 1차원에서만 운동한다고 가정하면 슈뢰딩거 방정식은 다음과 같다.

$$-\frac{\hbar}{i}\frac{\partial \Psi(x,t)}{\partial t} = -\frac{\hbar^2}{2m}\frac{\partial^2 \Psi(x,t)}{\partial x^2} + V(x)\,\Psi(x,t) \qquad (3)$$

위에서 언급한 슈뢰딩거의 파동 방정식을 이해하려면 우선 파동함

수 $\Psi(x, t)$을 이해해야 한다. 파동함수를 설명하는 이론은 다양하지만 그 중에서도 파동함수의 의미를 가장 적절히 설명한 사람은 막스 보른(Max Born)이다. 막스 보른에 따르면 파동함수는 입자를 하나의 파동으로 취급했을 때, 입자가 특정 공간 내에서 분포하는 양상을 의미한다. 즉, 시간 t일 때 입자가 위치 x에 존재할 확률을 파동함수를 이용하여 구할 수가 있다.

그렇다면 파동함수를 포함한 슈뢰딩거 방정식이 의미하는 것은 무엇일까? 그 답을 식의 유도 과정에서 찾아보도록 하자. 슈뢰딩거 파동 방정식의 출발점은 에너지 보존의 법칙이다. 알려진 바대로 에너지 보존의 법칙이란 물체가 어떠한 위치에 있더라도 그 물체의 위치 에너지와 운동 에너지의 합이 일정한 값을 갖는다는 물리 법칙이다. 여기서 주목할 점은 외부에서 힘을 받고 운동하고 있는 물체의 위치를 시간의 함수로 구하는 경우, 에너지 보존의 법칙을 이용하여 얻은 결과와 앞에서 거시 세계에만 적용된다고 언급했던 뉴턴의 방정식을 이용하여 얻은 결과가 동일하다는 점이다. 즉 뉴턴의 운동 방정식을 단순히 새로운 물리량인 위치 에너지와 운동 에너지로 표현하는 것만으로도 에너지 보존의 법칙을 만족한다는 것이다. 따라서 적용하는 방식의 차이는 있지만 미시 세계에서는 적용할 수 없었던 뉴턴의 운동 방정식을 새로운 물리량인 운동 에너지와 위치 에너지로 표현한 에너지 보존 법칙이 슈뢰딩거의 파동 방정식의 출발이 된다는 점에 유의해야 하겠다.

이러한 사실을 전제로 두고 에너지 보존 법칙에서 슈뢰딩거의 파동 방정식을 유도해보자. 우선 속도(v)와 질량(m)으로 표현되는 운동 에너지(K)를 운동량(p)에 관하여 나타내보자.

$$K = \frac{1}{2}mv^2 = \frac{p^2}{2m} \tag{4}$$

위치 에너지를 $U(x)$라 하면, 에너지 보존의 법칙은 다음과 같이 표현된다.

$$U(x) + \frac{p^2}{2m} E = \text{일정} \tag{5}$$

위 식에 포함된 세 가지 물리량 운동량 p, 위치 x, 에너지 E를 양자 역학에 적용하기 위해서는 각 물리량을 연산자에 대응시킨 후 파동함수에 적용해야 하는데 각각에 대응하는 연산자는 다음과 같다.

$$p = -i\hbar\frac{\partial}{\partial x}, \qquad x = x, \qquad E = i\hbar\frac{\partial}{\partial t} \tag{6}$$

각 연산자는 앞에서 다룬 파동함수가 시간과 위치에 의존한다고 할 때 파동함수를 위치나 시간에 대하여 편미분하는 것을 의미하고 있지만 이를 정확히 이해하려면 양자 역학과 수학에 대한 깊은 이해를 요구하기 때문에 공리로 받아들여도 무방하다. 주어진 연산자들을 에너지 보존식에 대입하고 파동함수에 적용하면 (3)과 같은 슈뢰딩거 방정식을 얻을 수 있다. 슈뢰딩거 방정식을 풀어 파동함수를 구하면 이를 이용하여 미시 세계의 상태를 기술할 수 있다. 즉 파동함수를 통하여 앞에서 언급한 입자의 분포 양상을 포함하여 미시 세계이 모든 가능한 정보를 유도할 수 있다. 구체적인 계산 방법은 다루지 않겠지만, 중요한 것은 파동함수를 통하여 구하는 물체의 물리적 상태는 확률로 주어진다는 것이다. 여기서 확률적이라는 것은 관측상의 오차나 물리학의 한계 때문에 정확히 알 수 없다는 의미의 확률이 아니라, 자연에서 물체가 존재하는 방식 자체의 본질이 확률적이라는 의미임을 명심해야 한다.

이 장에서는 미시 세계의 운동 방정식인 슈뢰딩거 파동 방정식의 유도 과정과 그 의미를 개략적으로 알아보았다. 보다 깊은 이해를 위해서는 슈뢰딩거 방정식의 유도 과정에서 언급된 파동함수나 불확정성의 원리에 대한 심도 있는 이해가 필요하지만 미시 세계에 적용할 수 있는 운동 방정식이 어디에서부터 유도된 것이고, 의미하는 바가 무엇인지 짚어본 것만으로도 그 의의가 충분하다 하겠다.

2) 미시세계에서 나타나는 물리 현상들

(1) 양자 효과(Quantum size effect)

상자 안에 파리가 한 마리 들어 있다고 생각해보자. 상자의 크기가 충분히 크다면 파리는 상자의 크기를 의식하지 않고 자유롭게 날아다닐 수 있을 것이다. 그렇다면 상자의 크기가 파리의 운동을 제한할 정도로 작아진다면 파리의 운동을 어떻게 기술할 수 있을까? 작은 상자 안에서의 파리의 운동을 기술하기 위해 물질파의 개념을 도입해보자. 물질파란 1924년 드브로이(Louis Victor de Broglie)가 도입한 개념으로 빛이 파동성(波動性)과 입자성(粒子性)이라는 이중성을 가지는 것에서부터 시작하여 빛뿐만 아니라 물질에도 파동성이 수반된다는 이론이다. 물질파의 개념에 따르면 모든 운동하는 물체는 파동운동을 하며, 운동하는 물체가 가진 파동의 파장은 운동량에 반비례한다. 물질파의 개념을 바탕으로 상자 안에 든 파리를 다시 살펴보자. 파리는 파동 운동을 하기 때문에 상자의 크기가 허락하는 범위에서 파동 운동을 하게 된다. 파동의 골이 상자의 벽에 일치하면 파리는 상자의 벽에 부딪치고 난 뒤에도 같은 운동을 반복할 수 있

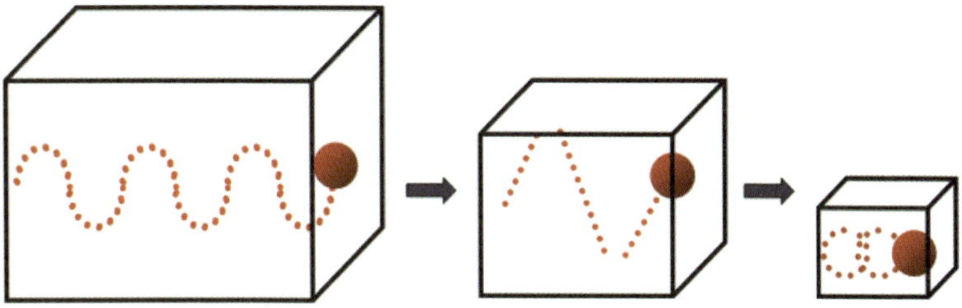

그림 4.4 상자의 크기가 작아지면 운동하는 물체의 파는 제한되고, 결국에는 더는 연속적인 상태가 아니게 된다.

고 그렇지 않은 경우에는 파리의 운동은 소멸된다. 파리가 갖는 에너지는 운동량의 제곱에 비례하고 운동량은 파장에 반비례하기 때문에 에너지는 파장의 함수가 되고 따라서 제한된 파만 상자 내에 존재하게 된다. 다시 말해 상자 내의 에너지는 더는 연속적인 상태가 아니게 된다. 이런 상태를 에너지가 양자화되어 있다고 한다. 양자의 개념을 우리의 일상생활에 비유할 수 있는 좋은 예가 바로 돈이다. 우리가 10원, 50원, 100원 단위로 돈을 사용할 수 있지만 그 가운데 값은 사용할 수 없는 것을 생각하면 양자의 개념을 이해하는 데 도움이 될 것이다. 쉽게 말해서 물체나 물체의 운동을 연속적으로 보는 것이 아니라 작은 덩어리로 보는 관점이라고 할 수 있겠다. 이러한 개념은 고전 역학과 양자 역학의 차이로서 많은 가설과 이론이 존재하지만 우리의 목적은 나노 세계에서의 기본적인 현상을 이해하는 것이므로 기본적인 개념만 알아두도록 한다.

그렇다면 이러한 양자 효과가 나노 세계와는 어떤 관련이 있을까? 앞에서 든 예를 상기해보면 상자의 크기가 작아짐에 따라서 양자 현상이 나타남을 알 수 있다. 여기서 양자 현상이 나타나기 시작하는 상자의 크기가 바로 우리가 다루려는 나노의 세계와 일치하는 것이다. 양자 현상은 물질이나 재료를 점점 작게 해나가서 크기가 나노 단위가 되면 그 특성이 나타나기 시작한다. 따라서 나노의 세계를 양자 역학이 지배하는 세계라고 해도 과언이 아닌 것이다. 원자, 분자, 소립자 등을 다루는 양자 역학에서는 특정 장소에 물질이 존재하는 것이 확률로 나타내지고, 그 확률은 상태를 기술하는 파의 형태로 나타내진다. 그러한 양자 상태에서는 파(波)인 물질과 물질의 상호 작용(interaction), 방해 작용(frustration), 랜덤 장애(random disorder) 등의 상태에 의해서 상태가 겹쳐지거나 초전도성을 띠는 등 물질에서 나타나는 성질이 급격하게 변하게 된다. 뒤에서 다룰 나노 세계에서의 현상들도 그 현상만 다를 뿐 기본적인 원리는 양자 효과에 바탕을 두고 있으며, 따라서 양자 효과에 대한 충분한 이해가 필요하다.

(2) 터널 효과(tunnel effect)

양자 상태에서 관찰되는 특이한 현상 중의 하나가 바로 터널 효과(tunnel effect)다. 1928년 조지 가모프(George Gamow)가 처음 제시한 이 효과는 입자의 질량이 작고 에너지장벽의 높이가 낮아져 그 폭이 얇아지면 입자가 장벽을 투과할 확률이 높아진다는 이론이다. 전자의 경우 터널 효과는 전자의 파동성에 의해 에너지 장벽 폭이 1nm 정도 될 때 전자(電子)의 장벽 투과 현상이 나타나게 된다.

특정 장소에 물질이 존재하는 것이 확률로 나타내진다는 양자 역학의 특징을 기억하고 있는가? 이러한 양자 역학의 특성을 유념해 두고 터널 효과를 더 쉽게 이해할 수 있는 예를 생각해보자. 벽의 반대편에 보물이 놓여 있다고 하자. 벽이 충분히 높고 두꺼운 경우 벽을 뛰어넘거나 뚫고 보물을 차지하기란 불가능한 일에 가깝다. 하지만 벽이 충분히 얇아지고 높이가 낮아진다면 벽을 뛰어넘거나 뚫고 지나가서 보물을 차지할 확

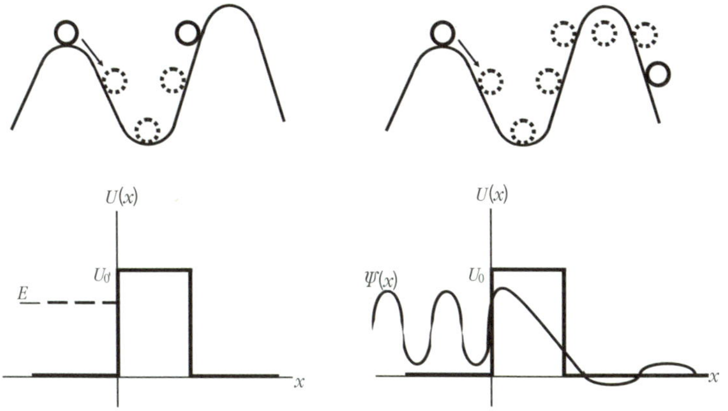

그림 4.5 터널 효과 양자 역학적인 측면에서 입자는 파(波)의 성질이 있으므로 고전 역학에서는 에너지 면에서 넘을 수 없는 장벽을 마치 터널을 통과하는 것처럼 투과할 수 있다.

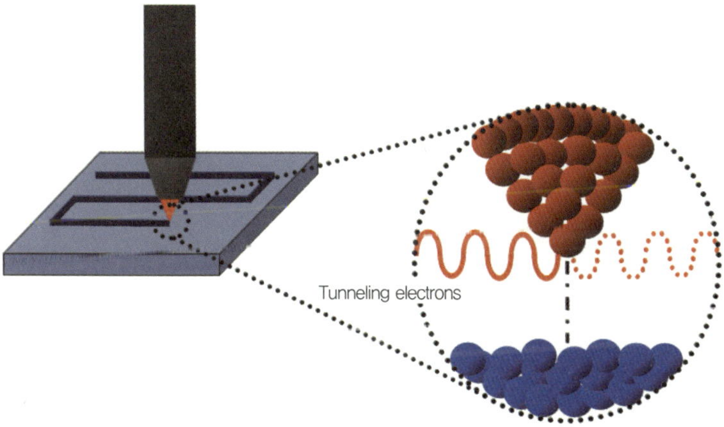

그림 4.6 터널 효과를 이용한 주사형 터널링 현미경(Scanning Tunneling Microscope) 시료와 탐침 사이에 흐르는 터널 전류를 시료의 측정에 이용한다.

률은 그만큼 증가할 것이다.

터널 효과에 의한 전자의 흐름을 터널 전류라고 하는데, 앞 장에서 언급한 주사형 터널링 현미경(Scanning Tunneling Microscope)이 터널 전류를 사용하는 대표적인 사례다. 나노 크기의 시료를 측정, 관찰하는 데 이용되는 STM은 관찰하고자 하는 시료와 관측에 이용되는 탐침의 거리가 매우 근접했을 때 시료와 탐침 사이에 흐르는 터널 전류를 이용하는 것이다.

(3) 단전자 현상(single electron effect)

축전기(condenser, capacitor)는 전하를 축적할 수 있는 장치로 널리 알려져 있다. 축전기에 전압 V을 가하면 Q만큼의 전하가 축적되며, 가해준 전압이 교류전압일 경우 축적된 전하가 충전 혹은 방전되고 직류전압일 경우 전하가 축적되기는 하지만 전류는 흐르지 않는 것이 축전기의 간단한 원리다. 또한 축전기에 축적된 전하의 양은 전기용량과 가해준 전압의 곱으로 표현되고 그 관계는 다음과 같다.

$$Q = CV \tag{7}$$

그렇다면, 나노 스케일에서 축전기는 어떤 특성이 있을까? 전기용량 C는 절연된 도체에 전하를 줄 때, 전위를 한 단위만 올리기 위해서 필요한 전하의 양으로, 도체의 형상이나 주위의 유전체에 의해 정해진다. 평행한 축전기의 경우 전기용량은 평판의 면적(A)과 평판 사이의 거리(d), 유전율(ε)에 의해 다음과 같이 결정된다.

$$C = \frac{\varepsilon A}{d} \tag{8}$$

축전기에 축적되어 있는 전하의 양이 일정하다고 가정하면, 축전기

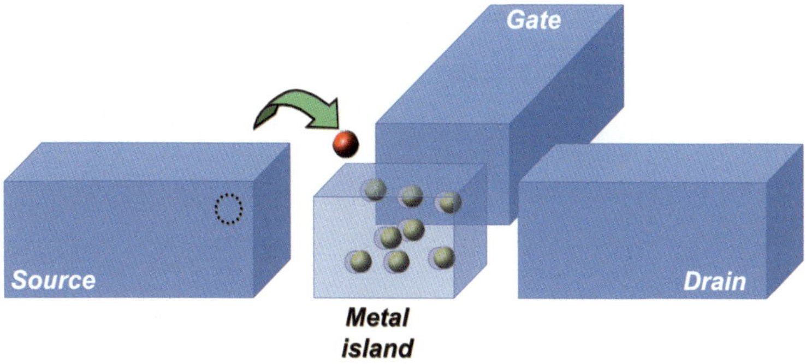

그림 4.7 단전자 트랜지스터의 개념도

의 크기가 작아질수록 전기용량은 감소하게 되고, 그에 따라 축전기 사이에 걸리는 전압의 크기는 증가한다. 만약 축전기의 크기가 전자 하나만을 담을 수 있을 정도의 나노 크기로 작아진다면, 우리는 극단적으로 큰 전압을 얻을 수 있을 것이다. 이러한 현상을 나노 스케일의 단전자 현상(single electron effect)이라고 한다. 리카레프(Likharev)는 단전자 트랜지스터(single electron transistor)를 통해 전자 한 개의 조작이 가능하다는 것을 보여준으로써 단전자 현상의 응용 가능성을 제시하였다. 정보화 사회의 발전은 반도체 산업의 고속 성장을 가져왔지만 집적도 문제와 소비전력 문제를 필연적으로 동반할 수밖에 없었고, 이에 대한 해결책으로 제시된 것이 바로 단전자 트랜지스터다. 기존의 트랜지스터를 On/Off하는데 10만 개 정도의 전자가 필요했다면 단전자 트랜지스터는 전자 한 개를 이용해 작동함으로써 집적도 문제와 소비전력 문제를 동시에 해결할 수 있는 대안으로 평가받고 있다.

(4) 쿨롱 장벽효과(Coulomb blockade effect)

앞에서 설명한 양자 효과에 대해 기억하고 있는가? 입자의 운동에 초점을 맞추었을 경우 나노의 세계에서는 입자가 갖는 파동성에 의해서 입자의 운동이 제한되고, 그에 따라서 입자의 운동이 더는 연속적인 상태가 아니게 된다는 것이 양자 현상의 요지였다. 그렇다면 이러한 양자 현상을 입자가 갖는 에너지의 측면에서 다시 생각해보자. 나노 크기의 입자는 불연속적인 전자 에너지 밀도를 가진 원자나 분자와 연속적인 에너지 밴드를 가지는 벌크(bulk) 결정의 중간체다. 이에 따라서 나노 입자에서는 전하 에너지가 단계적으로 변하게 된다. 이것은 나노 입자에서는 한 전하의 존재가 다른 전자의 첨가를 제어하는 역할을 하기 때문이며 이러한 현상을 쿨롱의 장벽효과(Coulomb blockade effect)라고 한다.

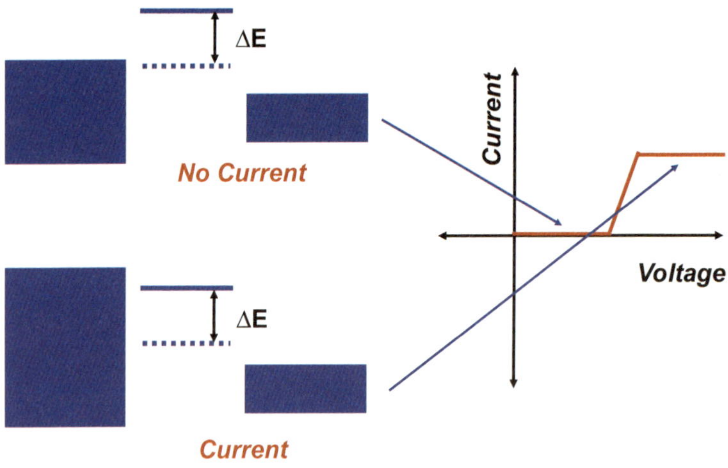

그림 4.8 쿨롱의 장벽(Coulomb blockade) 원리 나노 입자의 경우 그 에너지 함수가 계단의 형태로 나타난다. 이러한 에너지 함수의 형태는 가해주는 전압에 따라 전류 흐름 유무를 결정하게 되는 쿨롱의 장벽 현상으로 나타나며, 이는 단전자 트랜지스터의 작동 원리를 잘 설명해준다.

4. 나노 화학

1) 나노 입자의 표면 특성

한 변의 길이가 각각 1m, 1mm(=10^{-3}m), 1nm(=10^{-9}m)인 세 종류의 정육면체를 생각해보자. 각각의 부피는 순서대로 1m^3, $10^{-9}m^3$, $10^{-27}m^3$이 될 것이고, 표면적은 6m^2, $6.0\times10^{-6}m^2$, $6.0\times10^{-18}m^2$의 순으로 정육면체의 크기가 클수록 부피와 표면적의 값이 커진다는 것을 쉽게 알 수 있다. 그렇다면 표면적을 부피로 나눈 표면적 대 부피의 비는 어떤 경향성을 가질까? 그림 4.9에서 알 수 있듯이 각각의 표면적을 부피로 나눈 값은 $6.0m^{-1}$, $6.0\times10^{3}m^{-1}$, $6.0\times10^{9}m^{-1}$로 부피나 표면적의 값과는 달리 정육면체의 크기가 작을수록 큰 값을 가짐을 알 수 있다.

위에서 설명한 원리에 따라 입자의 크기가 나노 스케일이 되면 표면의 특성이 지배적으로 나타나게 되고 이는 나노 입자의 표면 특성을 결정

정육면체 크기	부피(V)	표면적(S)	S/V[m^{-1}]
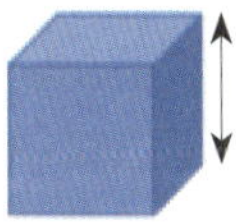 1m	(1m)(1m)(1m) -1m^3	$6\times(1m\times1m)$ =6m^2	6.0
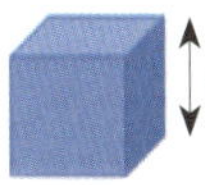 10^{-3}m	(10^{-3}m)(10^{-3}m) (10^{-3}m)=$10^{-9}m^3$	$6\times(10^{-3}m\times10^{-3}m)$ =$6.0\times10^{-6}m^2$	6.0×10^{3}
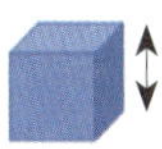 10^{-9}m	(10^{-9}m)(10^{-9}m) (10^{-9}m)=$10^{-27}m^3$	$6\times(10^{-9}m\times10^{-9}m)$ =$6.0\times10^{-18}m^2$	6.0×10^{9}

그림 4.9 정육면체의 크기에 따른 표면적과 부피의 비 변화 크기가 작아짐에 따라 표면적 대 부피의 비 값이 증가하는 것을 알 수 있다.

짓는 중요한 요소가 된다. 표면의 특성이 지배적으로 작용함에 따라 나타나는 현상은 크게 두 가지로 생각할 수 있는데, 그 첫 번째는 상대적인 표면적의 증가에 따른 반응성의 증가다. 지올라이트는 이러한 현상을 활용한 사례로서 촉매, 이온 교환제, 흡착제 등으로 광범위하게 사용되고 있다. 하지만 반응성의 증가는 나노 입자 상호간의 반응 또한 촉진시켜서 엉김 현상(aggregation)을 일으키기도 하는데 이는 나노기술이 해결해야 할 과제 중 하나다.

표면 특성의 증가 때문에 나타나는 현상 그 두 번째는 표면에 존재하는 원자 개수의 증가다. 입자를 구성하는 원자를 그 위치에 따라 구분하면 내부 원자와 표면 원자로 구분할 수 있는데, 표면의 크기가 상대적으로 증가하면 전체 원자에 대한 표면 원자의 비가 크게 증가하게 되는 것이다. 표면 원자의 증가는 물질이 가지는 열역학적인 성질에 큰 변화를 야기하는데 이는 표면 원자들이 내부 원자들에 비해 입자가 가지는 자유 에너지에 큰 기여를 하기 때문이다. 만약 우리가 표면 원자들의 개수와 형태를 조절할 수 있다면 입자의 자유 에너지 조절을 통해 우리가 원하는 새로운 형태와 성질을 가지는 물질을 생성할 수 있을 것이다.

2) 나노 스케일에서의 화학적 특성의 변화

나노 물리의 쿨롱의 장벽 효과를 설명할 때 나노 스케일의 입자는 불연속적인 전자 에너지 밀도를 가진 원자나 분자와 연속적인 에너지 밴드를 가지는 벌크(bulk) 결정의 중간체로서 전하 에너지가 단계적으로 변하게 된다는 설명을 상기해보자. 앞에서 에너지 측면에서의 양자 크기 효과라고 언급한 이러한 특성은 입자의 내부 결정의 크기에 따라 결정되는 것으로써 전자 에너지 준위 밀도의 변화에서 기인한다고 할 수 있다. 그렇다면

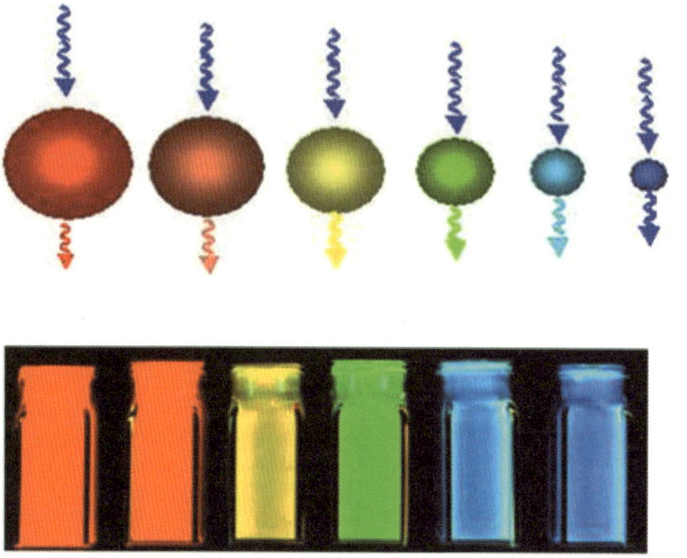

그림 4.10 양자점 자외선에 노출된 나노 입자 용액은 같은 종류라도 그 크기에 따라 다른 색을 띤다.

이러한 양자 크기 효과는 나노 입자의 화학적인 특성에 어떠한 영향을 미칠까? 양자 크기 효과에 의한 화학적 특성의 변화들 중 주목할 만한 현상은 입자의 크기에 따른 색 변화와 녹는점과 같은 물질 특성의 변화를 들 수 있다.

나노 스케일에서는 비록 같은 종류의 물질이라도 외적인 자극에 대해 그 크기에 따라 다른 색깔을 띠게 된다. 그림 4.10은 그 예시로서 크기만 다른 나노 입자 용액에 자외선을 비추었을 때 각각 다른 색을 띠는 것을 보여준다. 이처럼 크기에 따라 광학적 특성이 달라지는 나노 입자를 양자점(quantum dot)이라고 한다.

나노 크기의 물질에서는 그 광학적인 특징뿐만 아니라 녹는점과 같은 물질의 고유한 특성도 변화를 일으킨다. 벌크(bulk) 상태의 물질의 경우 외부적인 변화가 없으면 그 녹는점이 일정한 값을 가지는 것으로 알려져 있지만 나노 입자의 경우 외부적인 변화가 없음에도 크기가 감소함에 따라 녹는점이 감소한다. 심지어 크기가 2nm 이하로 작아지면 상온에서도 녹는 현상을 관찰할 수 있다.

5장

나노 바이오기술

1. 들어가며

20세기에서 21세기로 들어서면서 정보통신기술(IT) · 나노기술(IT) · 생명공학기술(BT)이 급속히 발전함에 따라 새로운 기술 패러다임으로의 전환이 활발해지고 있다. 이들 기술은 점차적으로 산업의 핵심기술로 자리 잡아가고 있으며 향후 사회 · 문화적으로 막대한 영향을 미칠 기술로 생각된다. 특히 바이오기술은 21세기 지식기반 산업을 이끌어갈 신기술로 많은 기대를 모으고 있으며, 이 기술을 이용한 바이오산업은 고부가가치, 고성장 산업으로 기대될 뿐만 아니라 다른 산업에 대한 파급효과가 매우 커서 21세기 초반 산업 패러다임의 혁명을 선도할 기술로 예상된다. 더욱이 나노기술과 융합된 나노 바이오기술은 21세기 인류의 생활을 근본적으로 바꾸어놓을 수 있는 꿈의 기술임이 분명하며, 의학 · 재료 · 정보 · 에너지 · 환경 분야 등에서 경제적으로나 사회적으로 커다란 파급효과를 불러일으킬 것으로 보인다.

나노 바이오기술이란 바이오 시스템이 나노 구조와 결합된 융합 시스템을 나노 크기의 수준에서 조작 및 분석하고 이를 제어하는 과학과 기술을 지칭하는 것으로, 원자나 분자 단위에서 물성을 구명하고 조작하여 새로운 재료와 소자를 개발하는 나노기술과 생명현상을 연구하고 그와 관련된 제품을 생산하는 바이오기술이 결합된 것이라 볼 수 있다. 바이오 세계에서는 나노 크기의 물체를 쉽게 관찰할 수 있는데, 인체를 이루고 있는 유전자와 세포 구성 물질 등이 대부분 나노 크기다. 나노 구조물은 생체분자인 단백질과 비슷한 크기이며 이러한 나노 구조물은 탄수화물,

지질, 단백질 중합체 등으로 제작될 수 있기 때문에 기능적 · 물리적으로 대단히 다양한 특징을 가질 수 있다. 따라서 나노 구조물의 구조적 다양성을 이용하면 이러한 미세 단위의 구조적 다양성 때문에 전통기술로 접근하기 어려웠던 미시 세계를 열어 신기능의 인공구조물을 개발할 수 있게 된다. 따라서 바이오기술과 나노기술은 콘텐츠와 가공 수단 측면으로 서로 뗄 수 없는 기술이라 볼 수 있다.

사회가 발달하고 인간의 수명이 늘어남에 따라 건강하고 행복한 삶에 대한 사람들의 관심이 증대하게 되어 질병 진단과 치료 방법을 모색하는 바이오기술에 대한 관심도 더욱 커지고 있다. 최근 게놈 프로젝트(Genome Project)의 완성으로 인간 유전자나 단백질, 세포 등 단일 생체 시료를 이용하여 질병을 진단하고, 치료 방법을 구현하려는 연구를 미국과 일본, 유럽을 중심으로 활발히 진행하고 있다. 경제적인 측면에서 바이오칩, 나노 생체소재, 약물전달시스템, 분자스위치 및 분자모터를 이용하는 신개념의 나노 구조물, 나노 생체분석 등의 기술은 미래 신산업 창출에 큰 역할을 할 것으로 기대된다.

2. 나노 바이오기술의 배경

바이오기술을 이용하여 제품을 생산하는 바이오산업이 유망 산업으로 주목받는 이유는 이 분야가 고부가가치, 고성장 산업으로 기대될 뿐만 아니라 다른 산업에 대한 파급 효과가 매우 클 것으로 예상되기 때문이다. 그 대표적인 예로 항암제 인터페론은 1g에 5,000달러 정도다. 무게로 따지면 금값의 360배에 달한다. 그런가 하면 1g에 60만 달러대의 빈혈치료제

(EPO)도 있다. 반도체 제품 주기가 2, 3년인 데 비해 아스피린은 개발된 지 100년이 넘은 지금도 잘 팔리고 있다. 바이오제품은 그만큼 막대한 수입을 기대할 수 있으며 수명도 길다. 이런 점이 각국이 21세기 전략산업으로 바이오산업을 집중 육성하는 이유다. 또한 생명공학이 21세기 초반 산업 패러다임의 혁명을 선도한다는 점도 크게 작용한다. 아직 기술 진보의 혜택이 보건의료 분야에 집중되어 있으나 장차 농축산, 식품, 화학, 환경, 에너지 등으로 기술적 파급 효과가 점차 확대되어 나타날 것으로 전망된다. 최근에는 컴퓨터, 전자 및 정보처리 기술 등과 융합 발전하여 타 분야의 기술 진보와 새로운 산업 영역의 개척에도 크게 기여하고 있다.

현재 세계의 여러 나라는 정부 차원에서 중점적으로 많은 투자를 하고 있다. 특히 미국의 경우 2001년에 수립한 National Nanotechnology Initiative를 2004년 수정하여 새로운 방향을 정립하고 2015년까지 성취할 10대 연구개발 목표를 설정하였는데 그중 네 가지를 암의 조기 발견 · 진단 · 완치, 나노 수준의 의약품 합성 및 전달 체계, 인공장기 등의 나노 레벨 융합 기술, 생체 적합형 물질 및 시스템 개발들로 설정함으로써 나노 바이오 분야를 중요한 연구과제로 삼고 있다. 생명과학 산업은 기초과학 기반에 크게 의존하므로 이 분야에 오랜 전통과 강점을 보유하고 있는 서구 선진국들이 주도적인 세력을 형성했다. 이들 선진 그룹을 중심으로 유전체의 구조와 기능을 연구하는 지노믹스, 유전 정보를 데이터베이스로 만드는 바이오인포메틱스, 단백질—유전정보—생체 기능 간의 관계를 밝히는 프로테오믹스 등 유전자 연구 분야의 주도권 확보를 위한 경쟁이 가열되고 있다. 또한 세계 바이오 시장은 연평균 11% 정도 꾸준히 증가할 것으로 보이며, 보건의료, 농축산, 환경 분야에서 가장 큰 시장이 형성될 것으로 기대된다.

이러한 전망을 토대로 1999년에 작성한 나노기술 연구에 관한 미국의 한 보고서에는 "나노기술은 21세기에 미국의 가장 중요한 전략적 과학기술 분야가 될 것이며, 이 기술은 제조, 의약, 에너지, 통신, 컴퓨터, 그리고 교육 등 전반적인 분야에서 현재의 마이크로 기술을 대체하게 될 것"이라고 기술하고 있다. 그중에서 가장 먼저 효과가 기대되는 분야가 컴퓨터 소자이고, 가장 막대한 영향을 줄 것으로 기대되는 분야가 의학이라고 하였다. 이는 인체는 태생적으로 나노 수준의 분자로 구성되어 있기 때문에 분자에 대한 나노기술의 적용이 가능하게 되면 인간 질병의 조절에 극적인 변화가 가능해진다는 데 바탕을 두고 있다. 단순한 분자약품 개발만이 아니라 생체의 문제점을 모니터링하는 미세 나노장치가 개발되어 분자 수준에서 인간의 건강을 유지하고 개선하는 데 활용될 수 있다. 나노의학에 의해 질병에 대한 원인적인 정의를 내릴 수 있게 되고, 노화 등 신체조건의 진단과 치료는 물론 궁극적으로는 타고난 인간의 생물학적 구조와 기능을 개선, 연장할 수 있게 될 것이다.

3. 나노 바이오기술의 전망

1) 바이오테크놀로지

1950년대 왓슨(J.D. Watson)과 크릭(F.C. Crick)에 의해 나선형 DNA의 구조가 제안된 이후 1970년대에 유전자 재조합, 유전자 서열분석 기술 등이 개발됨에 따라 생명과학에 혁명이 일어났다. 이러한 기술의 개발로 생명현상을 분자적 차원에서 설명하게 되었고 수정된 난자에서 한 생명개체가 완성되기까지의 발달 과정 이해, 암 유발 기작과 암 유전자 발견, 신

기능 유전자 발굴과 응용, 인간의 인슐린을 박테리아에서 대량 생산, 동물복제 등 생명현상의 이해뿐만이 아니라 분자생물학 혹은 유전공학을 이용한 새로운 개념의 바이오테크놀로지가 탄생하였다. 21세기에는 과학과 산업의 발전에 비례하여 인간의 건강, 복지, 식량, 에너지, 환경 등 바이오테크놀로지의 중요성이 더욱 커질 것이며, 이에 따른 산업적 수요가 폭발적으로 발생할 것으로 보인다.

2) 나노 바이오테크놀로지

생체 분자 및 시스템들은 나노기술을 통해 연구하고, 응용하는 데 매우 적절한 여러 특성을 갖고 있다. 예를 들어, 단백질은 정밀하게 구성된 3차원 구조를 갖고 있으며, 핵산은 정확한 규칙에 따라 결합하며, 항체들은 완벽한 특이성을 갖고 리간드인 항원을 인식하고 결합한다. 이러한 생체 분자 개체를 분자 수준에서 관찰함은 물론 인위적으로 조작하여 응용할 수 있는 나노 바이오테크놀로지의 연구는 미래 생명공학의 혁명을 가져올 것이다. 따라서 현재 개발되고 있는 나노테크놀로지와 바이오테크놀로지를 접목시켜 나노 바이오테크놀로지를 개발하는 연구는 인류 건강과 복지 증진에 크게 기여하게 될 것이다.

4. 나노 바이오기술의 분야 개괄

1) 나노 생체분석 분야

나노 생체분석의 대표적인 예는 단분자 분석(Single Molecule Detection, SMD)과 단일세포 분석(Single Cell Assay, SCA)이라 할 수 있다. SCA는 외

부의 물리 화학적 변화에 대한 단일세포 내의 생체분자의 변화를 나노 수준에서 측정하는 것이다. 단일 분자의 나노 생체분석을 위해서는 다양한 나노기술(나노 소자, 나노 소재, 나노 시스템, 나노 공정)이 이용되며, 측정 방법으로는 주사탐침현미경(Scanning Probe Microscope, SPM) 등의 탐침과 단일 분자 사이의 신호 변화를 감지하는 광학적 기술이 주류를 이루고 있다.

1990년대 초 IBM 연구소에서는 원숭이의 신장 세포에 감염시킨 수두 바이러스가 번식하여 세포 밖으로 나오는 모습을 원자힘현미경(Atomic Force Microscope, AFM)을 사용하여 관찰하였다. 이 실험은 앞으로 의약품의 효과 조사나 의료 진단을 세포 수준에서 할 수 있는 가능성을 보여주었다. 또한 수십 나노미터 크기의 구멍을 지닌 금속필름을 이용하여, 생체와 비슷한 고농도 조건에서 DNA 중합효소의 활성을 단분자 수준에서 관찰한 연구가 최근 보고되었다. 이와 같은 기술을 기반으로 하여 한 번에 수십만 개의 DNA 염기배열을 읽어내는 연구가 진행 중이다.

국내의 경우, 현재까지는 다분자 검출 기술에 대한 연구가 중심적으로 연구되고 있으며, 단일분자 검출 분야에서는 기초 연구만이 진행되고 있다. 단일분자를 검출하기 위한 나노 바이오 물질의 거동의 분석과 형광 물질에 의한 전기 화학적인 기본 메커니즘에 대한 기초적인 연구가 진행 중이고, 실질적인 적용에 대한 연구로 SPM을 이용한 분석과 나노 와이어 등을 이용한 연구는 시작 단계에 있다.

나노 생체분석 분야는 나노 바이오기술을 포함한 전반적인 생명공학 연구의 원천기술로 활용되고 있으며 향후 더욱 활성화될 것이다. 따라서 이 분야는 연구의 직접적인 상업성은 없으나 매우 중요한 연구 분야임을 인식할 필요가 있다. 나노 생체분석 연구와 밀접한 관련을 가지는 것은 분석기기라고 할 수 있다. 개념상 나노기술은 하드웨어와 밀접한 관련이 있으므로 나노 바이오기술 또한 분석기기나 분석툴이 중요한 역할을 한다. 이러한 관점에서 선진국에서도 살아 있는 단일세포의 내부를 실시간으로 분석할 수 있는 변형 원자힘현미경(AFM), 나노 광섬유, 나노 입자 등의 활용 연구, 단백질을 포함한 단일생체분자의 실시간 거동분석용 캔틸레버 팁 개발과 같은 기술을 개발하고 있다.

2) 바이오칩 분야

나노 바이오칩이란 나노기술을 접목하여 기존 바이오칩을 소형화하거나, 감도를 향상시키거나, 기존 기술로 불가능하던 스마트 기능을 수행할 수 있는 시스템이라고 할 수 있다. 나노 바이오칩은 그 대상과 활용 가능성과 중요성 측면에서 크게 DNA 칩, 단백질 칩, 저분자 칩, 세포 칩 등으로 분류할 수 있다.

단백질 칩 기술은 수십 개 내지 수만 개의 단백질을 슬라이드 글라스 위에 고정시킨 후 단백질 상호작용을 동시에 분석하는 기술이다. 하버드 대학의 슈라이버(S. Schreiber) 연구팀은 DNA 배열장치를 사용해 만 개 이상의 단백질을 한 개의 슬라이드 글라스 위에 고정시킨 후 형광물질로 표지된 단백질을 반응시켜 DNA칩 판독기를 이용하여 단백질 상호작용을 분석함으로써 단백질 칩의 실현 가능성을 보여주었다.

예일 대학의 스나이더(Z.H. Snyder) 연구팀은 5,000개 이상의 효모 단백질의 기능성을 대량 분석함으로써 단백질 칩의 실용화 가능성을 높인 바 있다. 단백질 칩은 최근 생명과학 분야에서 포스트 게놈 시대의 대표적인 연구 분야이며, 특히 인간의 질병 진단을 위한 가장 중요한 기술로 인정받고 있다.

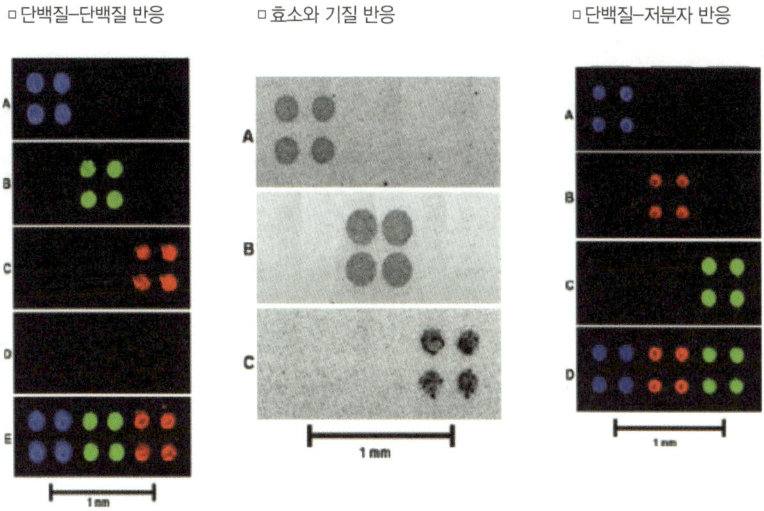

그림 5.1 단백질 칩의 최초 연구결과(Beathand and Schreiber, *Science*, 289, 1760-1763, 2000)

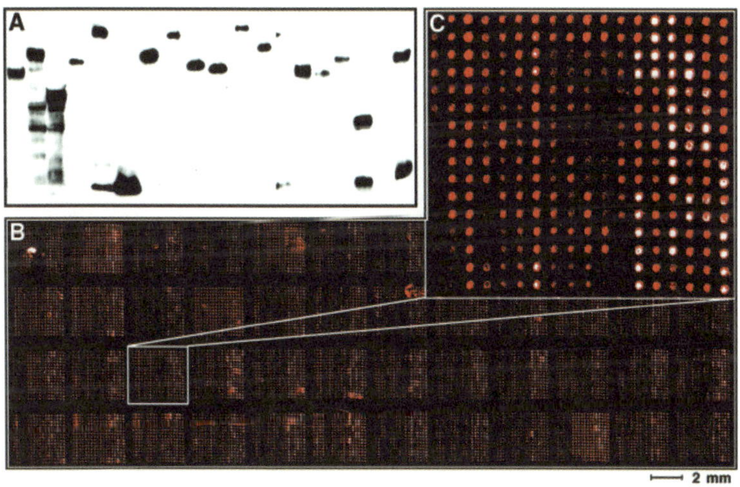

그림 5.2 단백질 칩의 실용화 가능성을 보여주는 결과(Zhu *et al.*, *Science*, 293, 2101-2105, 2001)

저분자 칩(chemical chip, small molecule microarray)은 최근에 등장한 기술로서 분자량 500 이하의 저분자 물질을 슬라이드와 같은 기판에 고정하고 이 저분자 물질과 결합하는 표적 단백질을 찾아내거나 임상적 진단에 사용할 새로운 형태의 칩 구성을 기반으로 하고 있다. 하버드 그룹은 −OH 기를 가진 형태의 저분자 라이브러리를 만들고, 이를 유리 슬라이드 표면에 공유결합으로 붙여서 저분자 칩을 만들었다. 이 저분자 칩은 포도당 대사에 관여하는 Ure2p라는 단백질과 선택적으로 결합하는 화합물을 찾는 데 사용되었다.

세포 칩(cell array chip)은 단백질 칩과 유사하지만 단백질 대신 세포를 고정시킨 것이다. 세포 칩 연구는 세계적으로 비교적 초기단계에 있는 연구 분야라 할 수 있다. 선두 연구 그룹으로 Whitehead Institute의 사바타니(D.M. Sabatini) 팀으로서 2001년 『네이처(*Nature*)』지에 'Transfected-Cell Microarrays'에 대한 연구결과를 발표한 바 있다. 세포 마이크로어레이의 중요한 응용 분야는 신약 발굴의 병목 해소와 기능 유전체학 연구를 들 수 있다. 약리활성을 나타내는 물질이 표적 단백질에 제대로 기능을 나타내는 것과 마찬가지로 인체 내 타 단백질에 대해서 부반응이 일어나지 않는 것이 매우 중요하다. 현재 신약 개발에 있어서 이러한 부반응을 일으키지 않는 물질의 개발이 하나의 병목으로 작용하고 있다. Sabatini 팀은 세포 내 단백질과 막단백질을 표적으로 하는 약물을 세포 마이크로어레이 상에서 분석한 예를 보여주었다. 이러한 세포 마이크로어레이의 장점은 cDNA의 위치를 파악하는 과정이 불필요하고, 소형화가 가능하며, 고정화된 cDNA의 안정성이 높으며, 대량 발굴 분석이 가능하다는 점을 들 수 있다.

국내에서는 LG, 삼성 등의 대기업, 마크로젠, 프로테오젠 등의 벤처

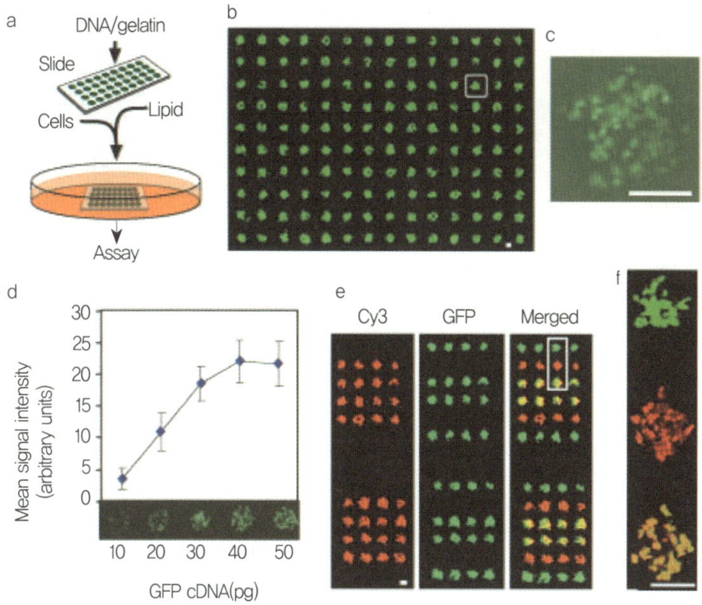

그림 5.3 Transfected-Cell Microarrays(Ziauddin *et al.*, *Nature*, 411, 107-110, 2001)

기업과 생명공학연구원, KAIST, 서울대, 포항공대 등에서 바이오칩을 개발하고 있다. 또한 2000년부터 과기부의 21세기 프런티어 사업의 일환으로 인간유전체기능 연구사업에서는 간암, 위암 DNA 칩 보급 사업을, 지능형 마이크로시스템 연구사업에서는 MEMS 기술을 근간으로 진단용 Lab-on-a-Chip 개발이 진행 중이다.

생명공학 연구 분야의 두 가지 축은 신약 개발과 질병 진단이라 할 수 있다. 신약 개발의 경우 막대한 시장창출(매년 1,000억 달러에서 2,000억 달러 규모)의 기회가 있는 반면, 막대한 연구개발 비용(5억 달러, 15년)이 소요되는 것이 현실이다. 따라서 신약개발 비용을 획기적으로 감소시킬 수 있는 바이오칩 기술개발의 중요성이 더욱 크게 인식되고 있다. 향후 펩타이드 칩, 저분자 칩, 세포 칩 등의 기술이 단백질 칩을 보완하면서 신약개발의 바이오칩 활용 폭은 더욱 커질 것이며, 아울러 신약 개발 비용이 획기적으로 감소될 것이다. 펩타이드 및 저분자 칩은 신약 후보물질 대부분이 저분자 물질이므로 그 응용성이 높다 할 수 있다. 세포 칩은 신약 후보물질 스크리닝뿐만 아니라 동물실험 대체용 새로운 체외 검정법을 가능하게 할 수 있을 것이다.

신약 개발과 더불어 질병 조기진단에서도 바이오칩의 활용은 확대될 것으로 예상된다. 미래의 바이오칩 기술은 분석 샘플의 양이 더욱 극미량화될 것이며, 다중분석능이 증가하는 방향으로 발전할 것이다. 나노-바이오칩은 신약 개발 비용의 획기적 감소, 다양한 질병의 조기진단 실현, 생명공학 하드웨어의 새로운 시장 창출 기회를 제공할 것이다.

3) 나노 바이오센서 분야

나노 바이오센서란 나노기술이 도입된 바이오센서로서 기존 바이오센서의 한계를 극복하여 단일세포 및 단분자 분석, 현장진단, 재택진단, 실시간 진단이 가능하게 하는 기술이다. 현재까지 가장 많이 연구 개발되어 온 바이오센서는 혈당 센서로서 주된 방식은 전기화학 방법을 이용한 것이다. 이러한 종류의 센서에서 가장 중요한 기술은 생물학적 요소를 변환기(transducer)에 잘 접합하는 나노기술이다.

바이오센서의 한 종류로서 인간의 코를 모사하여 만든 전자 코(electronic nose, e-nose)는 식품안정성 검사, 환경감시, 위해물질 검출과 질병 진단 등 다양한 용도로 활용되고 있어서 그 가능성을 인정받고 있다. 본격적인 의미의 e-nose 시스템은 1982년 영국 워릭(Warwick) 대학의 퍼사드(K. Persaud)와 도드(G. Dodd)가 단일 종 가스인식시스템을 소개한 것이 그 효시가 되며, 현재 국외의 e-nose에 관한 연구는 이미 상용화 단계에 와 있다.

미국 Oak Ridge National Lab의 보딘(T. Vo-Dinh) 그룹은 단일세포 분석용 항체 나노센서를 개발하였다. 이 나노스케일의 광섬유 바이오센서는 극미량 물질의 선택적 분석에 유용한 도구가 될 수 있다.

국내에서의 나노 바이오센서 연구개발에 대한 연구는 초보적인 단계에 있다고 할 수 있다. 분야별로 e-nose 분야는 현재 한국전자통신연구원, LG 전자기술원, 경북대 국책 Electric Nose System 연구실 등에서 연구를 수행 중이다. 이들은 가스센서에 대한 기초연구를 바탕으로 1990년대부터 본격적으로 마이크로센서, 센서어레이, 감응소자기술 · 감응소자어레이기술 · 패턴인식기술이 융화된 전자 코 시스템을 개발하고 있다. 그 밖에 한국생명공학연구원 및 KAIST 등에서 전기화학 및 광학 바이오센서에 대한 연구가 진행 중이다.

바이오센서의 80% 이상을 차지하는 혈당센서 분야에서 우리나라의 시장은 두세 군데의 벤처기업에서 제품 출시를 시작한 상태로 실질적으로 아직 도입 단계에 있다. 현재 국내 바이오센서 기업들이 주로 관심을 가지고 있는 분야는 90% 이상이 의료용 바이오센서로, 아직 식품분석용과 환경용은 관심 정도가 상대적으로 낮은 상태다. 바이오센서의 대부분을 차지하고 있는 혈당 바이오센서는 소형화, 안정화 기술이 개발되면서 최소침습형, 연속측정용 바이오센서로 전환될 것이다. 그리고 센서표면의 안정화, 나노소자 이용 기술이 발달하면서 혈당뿐만 아니라 다양한 생체 성분에 대한 바이오센서 기술 개발이 가속할 것으로 예상된다. 향후 바이오센서 시장의 경쟁력은 가격 저하, 시험 안정성, 데이터 프로세싱 능력, 고품질의 시험 결과, 다양한 분석에 있을 것이다.

미래 의료용 바이오센서는 환자의 침대 옆이나 외래 진찰실에서 온라인(on-line) 분석 등, 소비자가 쉽게 사용할 수 있는 형태의 첨단화된 특성을 가질 것이므로 고기능과 편리성을 갖춘 제품의 개발에 의해 그 시장이 확대될 것이다. 나노기술 도입에 의한 바이오센서의 개발이 가속할 것으로 예상되며 FET(Field Effect Transistor), 광섬유, 전기 화학 나노 센서, 나노와이어, 광섬유의 나노조립기술, 생체 정보 감지 기능을 가지는 나노구조체, 2개 이상의 감지소자가 조합된 다성분 실시간 분석용 나노 센서 등의 개발이 이루어질 것으로 전망된다. 이렇게 개발된 나노 바이오센서는 통신기술, 데이터 프로세싱 기술과 결합되어 이동식, 재택, 현장 진단과 검사가 가능하며, 어떤 문제에 대해 즉각적인 대처를 할 수 있는 시스템을 갖출 수 있을 것으로 예상된다. 또한 단지 질병 진단뿐만 아니라 생물컴퓨터, 나노로봇, 랩온어칩, 나노공장, 나노머신과 같은 향후 개발이 예측되는 나노조립 시스템의 핵심 소자로 활용될 것이다.

4) 바이오멤스(BioMEMS) 분야

최근에 바이오테크놀로지와 연관된 MEMS(Microelectromechanical System) 응용 분야는 최대 관심 분야 중 하나가 되었는데, 여기에 나노기술이 접목되어 한층 더 안정되고 향상된 기능성을 부여하는 기술이 곧 BioMEMS 기술이라 할 수 있다. 일반적으로 BioMEMS 기술은 질병 진단 및 신약 탐색을 위한 초고속 스크리닝 기술에 필수적인 미세유체제어 기술과 이를 가능케 하는 초미세 유체제어 기능을 지닌 랩온어칩(lab-on-a-chip, LOC) 기술로 정의하기도 한다.

MEMS 기술을 기반으로 하는 극미세 분석시스템에 대한 연구는 1979년에 처음으로 스탠포드 대학에서 평면 실리콘 웨이퍼 위에 초소형

가스 크로마토그래피(GC)를 제작함으로써 시작되었다. 1990년대에 들어서 미세유체공학(microfluidics) 연구가 본격적으로 진행되어 만즈(A. Manz)와 해리슨(D.J. Harrison) 등이 마이크로칩 모세관 전기이동 장치라는 랩온어칩을 개발하게 되었다. 대표적인 연구그룹인 미시간 대학의 번스(M. Burns) 교수의 그룹은 1990년대 말부터 현재까지 미세유체제어 소자 및 마이크로 DNA 칩 등을 개발해왔다. 실제로 MEMS 기술을 이용하여 미세분석시스템을 상품화한 대표적인 회사로 Zyomix, Caliper 등이 있다.

국내의 연구개발 특징은 원천기술의 개발보다는 콘텐츠를 강조한 DNA 칩 기술이 벤처형 기업을 중심으로 진행되고 있다. 국내 바이오칩과 관련 기술 개발 현황을 살펴보면 일부 생명공학 중심 대기업에 국한되어 있고, 제약업계에서는 신약 개발 기술의 패러다임의 변화를 인식하고 바이오칩을 이용한 초미세유체제어 시스템의 신약 개발에의 응용성에 대한 중요도를 인식하는 단계다. KIST 마이크로시스템센터, 서울대 초미세생체전자 시스템 연구센터, KAIST 디지털나노구동연구센터, 한국전자통신연구원, 포항공과대학교 등이 MEMS 기반 랩온어칩을 개발 중에 있다. 삼성전자는 미세 중합효소 연쇄반응(Micro-PCR)용 랩온어칩을 개발한 바 있으며, LG도 BioMEMS를 이용한 마이크로 바이오시스템 기술 개발에 노력 중이다. 벤처기업인 디지털바이오테크놀로지(현재 나노엔텍)는 최근 자체적으로 세포 개수 측정기와 독성시험용 플라스틱 마이크로 칩을 개발하였다.

바이오멤스 기술을 이용하여 제작한 LOC 형태의 소자 개발은 그 자체의 소자 제작 기술뿐만 아니라, 새로운 콘텐츠 개발이 동시에 요구되며, 이러한 복합적인 기술의 발달을 통해 각각의 요소기술을 통한 기술적 효과를 얻을 수 있다. 또한 새로운 아이디어를 통해 선점되어 있는 기존의 시장이 아닌 성장해나가고 있는 시장에 진입이 용이한 장점이 있다. BT, IT, NT 기술을 융합하여 새로운 초고속 분석 시스템을 제공하고 신약 개발의 성공 확률을 증가시켜 국제 경쟁력 확보에 중요한 역할을 할 것으로 기대되며, 궁극적으로는 신약 선도물질의 초고속 대량 발굴로 인한 신약 개발의 효율을 극대화할 수 있는 인프라 기기의 개발/확충으로 생명, 의약, 보건 분야에 기여함으로써 건강한 삶을 구현하는 데 지대한 역할을 할 것으로 예상된다.

5) 나노 생체소재 분야

나노기술 및 생체활용기술의 발전에 의해서 생체소재를 이용한 나노 소재는 생명현상 규명, 질병 진단과 치료, 기능성 의료용 소재 등에 필요한 신기술로 인식되고 있다. 나노 소재는 다시 생체 유래의 소재와 비생체 유래의 소재로 나눌 수 있다. 전자는 생물학적 소재로서 나노 레벨에서 기능이 있는 소재로 정의할 수 있다. 여기에는 단백질, DNA/RNA, 지질, 다당류 등에서 유래한 각종 분자모터, 나노캡슐, 나노와이어, 중합체구조들이 포함된다. 후자는 나노 크기의 생물학적 응용이 가능한 소재로 정의할 수 있다. 나노-바이오소재로는 기존의 나노 소재 중 생물학적 시스템의 분석(quantum dots), 질병의 진단/치료(약물전달용 nanoparticle), 인공관절/인공장기용 나노 소재 등을 들 수 있다.

생체분자를 기판에 장착해 인위적으로 제어하는 분자 자기조립체(self-assembly) 기술은 유기무기분자들이 조직적으로 배열된 구조를 지니게 하며 구성 분자들에 다양한 기능을 부여한다. 특히 분자조립체 기술을 이용한 인공생체막 제조 기술은 생체막을 모사하여 생체막의 세포 인식

과정, 격리작용, 대사촉매, 수송, 운동, 정보 수용과 약물 전달 등의 생체 막의 기능을 규명하는 나노 소재나 나노 소자로 사용될 수 있으며 그 연구를 활발히 진행하고 있다. DNA 또한 2차 구조들을 자기조립할 수 있는 특징을 지닌 나노 소재로서 무한한 가능성이 있다. 예를 들어 DNA 2차 구조의 적절한 디자인과 DNA의 hybridization 성질을 이용하여 정밀한 나노머신을 구현하는 것도 가능하다.

나노과학에 바탕을 둔 약물전달법은 연구결과의 단기적 시장성장 면에서 상당한 가치가 있는 분야다. 특히 유전자치료 분야에서는 기존의 바이러스 중심의 방법을 극복하기 위하여 나노 입자를 통하여 다양하게 시도하고 있다. 후드(E.E. Hood) 등은 DNA의 골격(backbone)이 인산기의 존재로 인하여 음전하로 하전되는 점을 이용하여 표면이 양전하로 하전된 40nm 크기의 나노 입자를 제작하고 여기에 특정 단백질을 발현하는

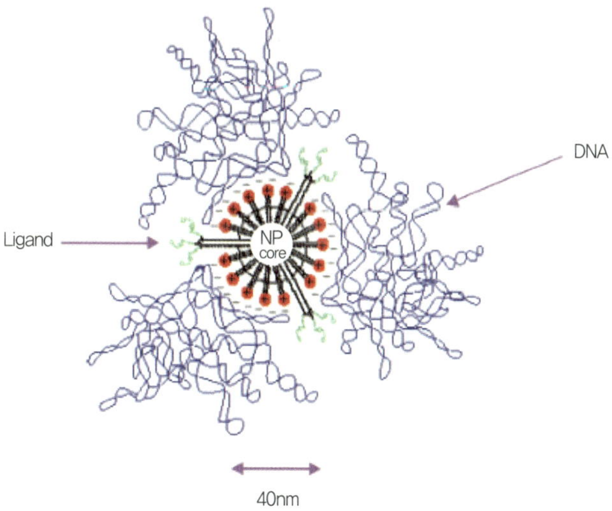

그림 5.4 나노 입자를 이용한 유전자 치료 기술 나노 입자에 부착된 DNA가 세포 안에서 분리되어 손상된 유전정보를 치유한다.

플라스미드 DNA를 부착시켜 암세포 성장의 억제를 시도하였다. 현재는 기존의 나노기술에 생체 특성을 나타내는 생체물질을 이용한 다양한 생체 나노 소재, 소자들이 개발 중이며, 생체 나노 소재, 소자 시장을 형성하고 있다. 생체 소재를 이용한 나노 바이오센서와 약물전달시스템, 그리고 생체모방기술을 응용한 나노모터 등이 대표적인 기술이다.

6) 생체모방 분야

나노기술에 대한 각국의 막대한 투자에도 불구하고 아직까지 전 세계적으로 나노기술의 산업화 및 응용 사례는 그리 많지 않은 실정이다. 그 이유는 나노기술의 실질적 응용을 위해서는 나노 스케일의 현상을 이해하고 이를 바탕으로 최적화된 나노 구조물을 설계함과 동시에 이를 구현할 수 있는 공정기술을 개발해야 하기 때문이다. 이처럼 이해, 설계 및 제조 분야를 유기적 · 조직적으로 연구해야 하지만 실제적으로 응용하려면 더 많은 연구가 필요하며, 현재 여러 분야에서 다양한 연구가 진행 중이다. 이러한 노력의 일환으로 자연에 존재하는 최적화된 기능성 나노 표면을 모사하여 우리 생활과 산업 전반에 적용할 수 있다면 매우 유익할 것이다.

나노기술을 이용하지 않더라도 이미 자연의 최적화된 기능을 모방하고 응용하려는 연구가 활발하다. 그 예로, 올림픽에서 남자 수영선수가 기존의 삼각수영복 대신 '전신수영복'이라 불리는 첨단 제품을 입고 금메달을 휩쓴 바 있다. 상어비늘을 모방하여 물의 저항을 최소화하고 수중운동 속도를 증가시키는 '전신수영복' 역시 생체모방공학의 한 갈래라고 할 수 있다. 이 외에도 미국을 비롯한 나노기술 분야의 선도 국가들은, 자연모사공학을 이용한 기술 개발을 통해 기존 기술이 가지고 있지 않은 새로운 개념의 신 기능성 소재를 개발하고, 이를 우주산업 및 국방산업으로까지 응용하려는 노력을 활발히 진행하고 있다. 이는 이 분야의 연구가 현 기술에 새로운 돌파구를 마련해줄 커다란 가능성과 경제적 잠재력이 있음을 반영하는 것이라 할 수 있다. 나아가 직접적인 경제적 이익뿐만 아니라 자연모사기술은 나노기술 및 바이오기술과 밀접한 관계를 가지며 향후 미래 기술과 관련한 기술 확보와 제품 개발에 큰 도움을 줄 것으로 기대된다.

자연모사공학의 다양한 연구 분야 중, 연꽃잎의 초소수성과 게코도마뱀의 초접착성과 같은 기능성 표면을 모사하여 재현하려는 연구가 최근 많은 관심을 받고 있다. 특히 고체 표면의 소수성 및 친수성 성질은 그 자체만으로도 매우 중요한 물리적 특성일 뿐 아니라, 우리의 일상생활과도 밀접한 연관이 있다. 예를 들어 건물 외벽 및 실내 장식, 자동차 외관, 의류 및 식기 등의 표면을 수요자가 원하는 방식으로 제조할 수 있다면 한층 더 쾌적하고 편리한 생활환경을 제공할 수 있을 것이다. 이 외에도

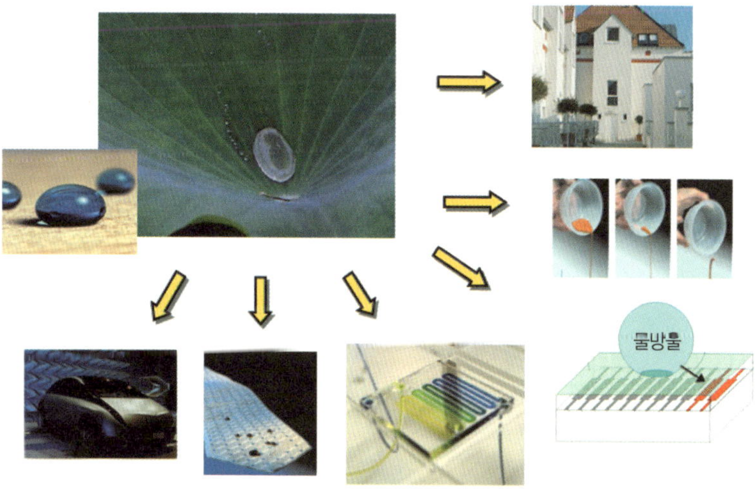

그림 5.5 초소수성 표면의 다양한 응용 범위

그림 5.6 초접착성 표면의 다양한 응용 범위

최근 급격하게 발전하고 있는 마이크로 유체역학과 더불어 미세소자 내 유체의 흐름을 제어하기 위한 기술로써도 초소수성 표면에 대한 연구를 활발히 진행 중이다.

한편, 게코도마뱀의 접착방식은 지금까지 알려진 접착 메커니즘과는 전혀 다른 새로운 방식으로, 높은 접착력, 쉬운 탈착 및 영구적인 사용 등 다양한 장점이 있다. 만일 이를 모사하여 새로운 방식의 기능성 접착물질을 개발할 경우, 경제적으로 큰 부가가치를 창출할 것으로 기대된다. 실제로 우리 일상생활에서 다양한 접착 용품이 차지하고 있는 비중과 유용성을 볼 때 새로운 개념의 접착물질 역시 무한한 가능성이 있다고 판단된다. 이는 비단 일상생활 제품뿐 아니라 수많은 산업용 제품에도 다양하게 응용될 것으로 기대된다.

이처럼 나노기술을 기반으로 한 생체모방공학은 기계, 화학, 재료 및 전자기술 분야 등 그 응용 분야가 실로 무궁무진하며 정보기술, 생명공학기술, 환경기술 등과 융합되어 인류의 삶을 더 윤택하게 할 것으로 기대된다.

5. 나노 바이오기술의 연구개발 현황

1) 나노 입자를 이용한 진단

노스웨스턴 대학의 머킨(C. Mirkin) 연구팀은 DNA와 단백질의 검출 과정에서 현재까지 많이 사용하는 형광이나 전기화학적 방법과는 다른 금 나노 입자를 사용하는 방법을 제시하였다. 연구팀은 이 방법을 이용하여 바이오센서로서의 여러 다양한 응용 가능성을 보여주었다. 그중 한 예로 금 표면 전극 사이에 금 나노 입자를 도입하고, 양 전극 사이에 흐르는 저항값을 측정함으로써 염기 하나가 다른 표적 뉴클레오타이드를 거의 완벽하게 분리 검출할 수 있었다.

이 연구팀은 또한 최근에 금 나노 입자와 bar-code DNA를 이용하여 아주 낮은 농도의 단백질과 DNA를 검출할 수 있는 혁신적인 방법을 개발하였다. 우선 금 나노 입자에 검출하고자 하는 단백질이나 DNA와 결합할 수 있는 물질을 소량 고정한 후, 금 나노 입자 표면의 대부분을 bar-code DNA라 불리는 저분자로 채운다. 이렇게 만들어진 금 나노 입자

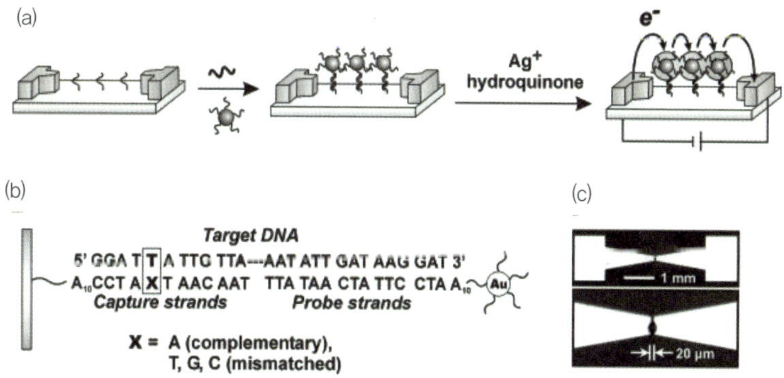

그림 5.7 금 나노 입자와 은 표면 처리과정을 이용한 DNA 검출방법(So-Jung Park *et al.*, *Science*, 22, 1503-1506, 2002)

를 검출 물질과 선택적으로 결합시켜 분리한 후, 금 나노 입자에서 bar-code DNA만을 분리한다. 분리된 bar-code DNA를 기존의 DNA 칩 방법으로 검출함으로써 원하는 단백질이나 DNA를 검출하게 된다. 이 방법을 사용하면 DNA의 경우 수 백 zM, 그리고 단백질의 경우 수 aM 농도까지도 검출할 수 있다.

2) 양자점(quantum dot)의 생물학적 응용

세포내 바이오 분자들 간의 상호작용 연구나 바이오칩의 검출방법으로 대부분 형광검출법을 이용하고 있으나, 일반적으로 형광물질로 사용되는 유기 형광염료는 빛에 의한 형광신호 감쇄(photo bleaching) 현상을 보이기 때문에 장시간 빛에 노출시킬 수 없으며, 심지어 몇 분간의 노출로 형광을 내지 못하는 경우도 있다. 따라서 유기 염료들을 대체할 수 있는 여러 후보물질에 대한 연구가 진행되고 있으며, 그중 하나로 양자점이 현재 중요 대체 물질로 거론되고 있다. 양자점은 유기 염료와 달리 감쇄 현상이 없으며, 양자효율이 유기 염료보다 훨씬 좋기 때문에 더 강한 형광 신호를 낼 수 있다. 이러한 양자점은 또한 크기에 따라 다양한 파장대의 형광을 낼 수 있기 때문에 자연 상태에서 여러 세포 내 단백질의 움직임과 작용을 동시에 관찰하는 것을 가능하게 한다. 현재 해파리에서 생산되는 녹색 형광 단백질인 green fluorescent protein(GFP) 같은 유기 형광 염료로 표지하여 단백질의 움직임을 관찰하기 때문에 여러 다른 형광 단백질의 사용 시 스펙트럼이 중복되어 2~3개 정도의 소수 형광색만 사용할 수밖에 없으며, 이런 형광 단백질은 오래 가지 못하는 단점이 있다. 양자점의 또 다른 응용으로 near IR이나 IR 영역의 빛을 내는 특이적인 양자점을 사용함으로써 1cm 피부 속에 있는 암의 위치를 정확히 확인할 수 있으며,

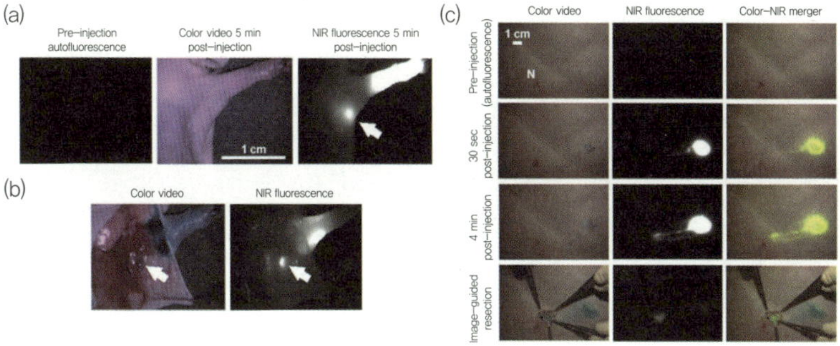

그림 5.8 NIR 양자점을 이용한 암 위치 확인과 제거(Sungjee Kim *et al.*, *Nature Biotechnology*, 22, 93–97, 2003)

이를 이용하여 특정 부위의 암을 외과 수술로 정교하게 제거할 수 있다.

3) 나노껍질(nano shell)을 이용한 암의 치료

항암치료에서 발생하는 심각한 부작용 중 하나는 항암체가 암세포뿐만 아니라 정상세포까지 죽게 만들어 인체에 심각한 손상을 줄 수 있다는 것이다. 따라서 이러한 문제점을 해결하기 위해 암세포에만 선택적으로 결합하고 결합된 세포만 죽일 수 있는 물질을 연구하고 있다. 이러한 연구 중 하나로 최근에 나노껍질(nano shells)을 이용한 암의 치료 방법이 개발되었다. 나노껍질은 실리카 코어를 금속층이 감싸고 있는 구조로 되어 있으며, 동물실험에서 안정하게 생명체 내로 삽입될 수 있다는 것이 검증되었다. 나노껍질은 그 크기가 나노 크기로 매우 작기 때문에 enhanced permeation retention(EPR)이라 불리는 현상에 의해 암세포 주위로 생성된 부실한 혈관 구멍을 통하여 비교적 선택적으로 암세포에 오래 머무를 수 있다. 또한 암세포나 암세포 주위의 마이크로 환경 내에서 발현되는 항원들과 결합할 수 있는 분자들을 나노껍질에 붙임으로써 암세포에 대한 선택성을 증가시켜 주위에 분포하는 정상세포의 파괴를 막을 수 있다. 암세포에 결합된 나노껍질에 기계적 혹은 광학적 에너지가 주어지면 나노껍질은 이들 에너지를 흡수한 후 강한 열을 발산해 암세포를 선택적으로 죽이게 된다. 이러한 암치료 방법은 치료 효과를 극대화할 수 있고 부작용을 상당히 감소시킬 수 있기 때문에 항암치료 분야에 획기적인 전기를 마련할 수 있을 것이다.

4) 고감응 · 초소형 나노 바이오센서

이전까지 만들어진 바이오센서나 화학센서들은 수 밀리미터 단위에서 수십 센티미터까지 비교적 부피가 크고 하나의 센서에서 검출할 수 있는 샘플의 개수도 제한적이었다. 따라서 그 크기가 좀더 작으면서 더 많은 화학종이나 바이오 물질을 한 번에 모두 검출할 수 있는 장비에 대한 관심이 커졌다. 또한 MEMS나 NEMS 기술이 개발되면서 인체 내에서 여러 가지 기능을 수행할 수 있는 마이크로 혹은 나노 기계에 대한 개발이 진행되는 상황에서 나노 센서에 대한 관심은 더욱 높아졌다. 나노 센서가 부착된 마이크로 혹은 나노 기계들은 인간의 몸속에서 다양한 역할을 수행할 수 있다. 예를 들어 인간의 몸에 유해한 특정 화학종이 현재 몸속에서 얼마나 많이 있는지, 혹은 특정 질병을 유발하는 바이러스, 세균, 항원이 있는지 없는지, 몸속의 어느 한 부위에서 특정 염기 서열의 DNA가 얼마만큼 발현되었는지를 피를 뽑지 않고서도 몸속에서 바로 확인할 수 있을 것이다. 이러한 고감응 · 초소형 나노 바이오센서의 유력한 후보 물질로는 탄소튜브, 나노와이어, 마이크로캔틸레버가 있으며, 이들을 이용한 나노 바이오센서는 그 검출감도가 매우 뛰어나고 검출을 위한 표지가 필요 없으며 실시간 검출이 가능하다는 장점이 있다.

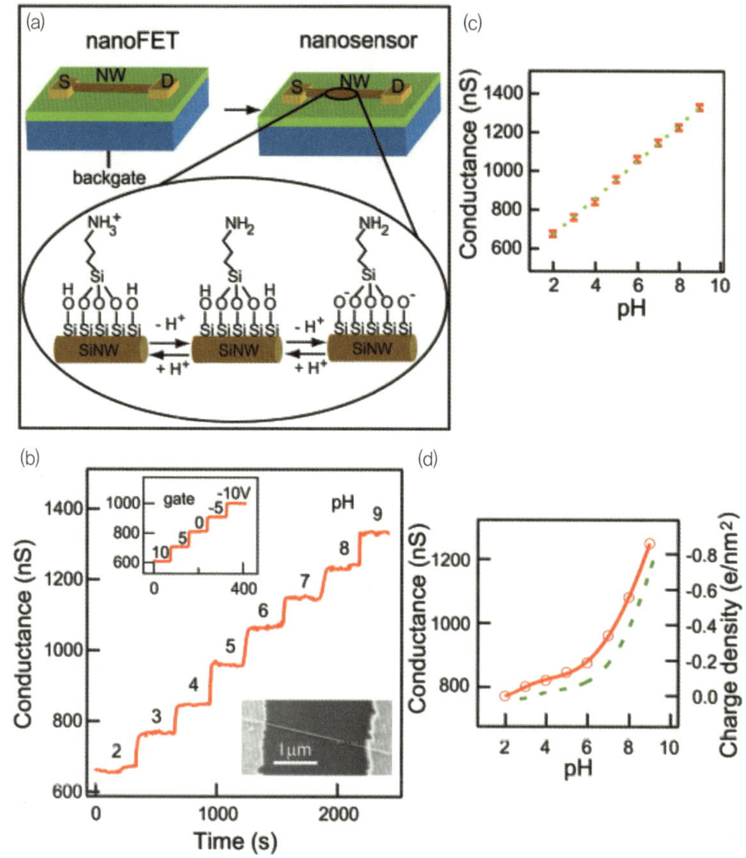

그림 5.9 실리콘 나노와이어를 이용한 바이오 물질 검출(Yi Cui *et al.*, *Science*, 293, 1289–1292, 2001)

실리콘 나노와이어를 이용한 나노 바이오센서는 하버드 대학의 리버(C. Lieber) 그룹이 처음으로 개발했으며, 실리콘 나노와이어에 탐침 바이오 분자들을 고정한 후 검출하려는 DNA 혹은 단백질 같은 바이오 물질과의 결합 정도를 나노와이어 양극단 사이의 전도도(conductance)로 관측하였다. 이러한 연구와 더불어 현재는 나노와이어 배열을 제작하는 방법과 이를 이용한 고속 진단 다중센서를 만들기 위한 연구를 진행 중이다.

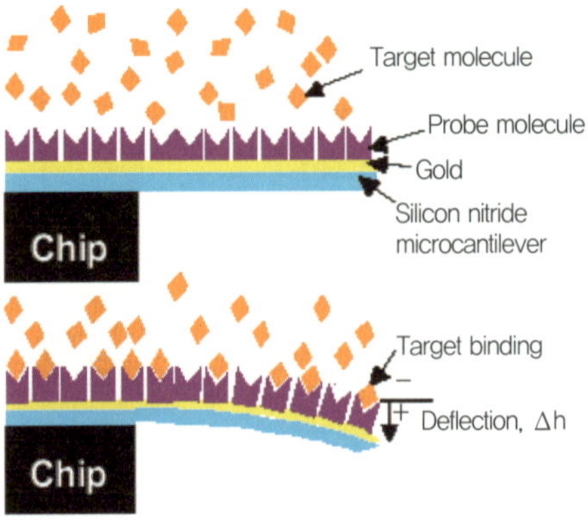

그림 5.10 마이크로캔틸레버를 이용한 바이오센서(Guanghua Wu *et al., Nature Biotechnology*, 19, 856–860, 2001)

탄소 나노튜브나 나노와이어와는 다른 형태의 고감응 · 초소형 바이오센서로 마이크로캔틸레버가 있다. UC Berkeley의 마줌다(A. Arun Majumdar) 연구그룹은 마이크로캔틸레버를 이용하여 전립선암의 종양 표지자인 prostate-specific antigen(PSA)을 0.2ng/ml에서 60g/ml 농도까지 측정할 수 있었다. PSA 항체가 코팅되어 있는 마이크로캔틸레버를 PSA가 들어 있는 액체에 넣어주면 PSA가 캔틸레버 표면에 달라붙기 때문에 캔틸레버를 휘게 만든다. 이때 레이저를 이용하여 캔틸레버에서 반사된 빛을 측정함으로써 캔틸레버의 휘는 정도를 측정할 수 있다.

5) 나노 바이오칩

나노 바이오칩이란 바이오칩에 나노기술이 접목된 것으로 칩의 제작과정에서 바이오 물질을 고체 표면에 집적시킬 때 각각의 픽셀의 크기를 수 나노미터에서 수백 나노미터 정도의 크기로 고집적화하여 제작된 칩이다. 나노 크기의 픽셀을 가진 나노 바이오칩을 제작하는 방법으로 현재 Dip-pen lithography(DPN)를 이용한 방법, 미세접촉프린팅

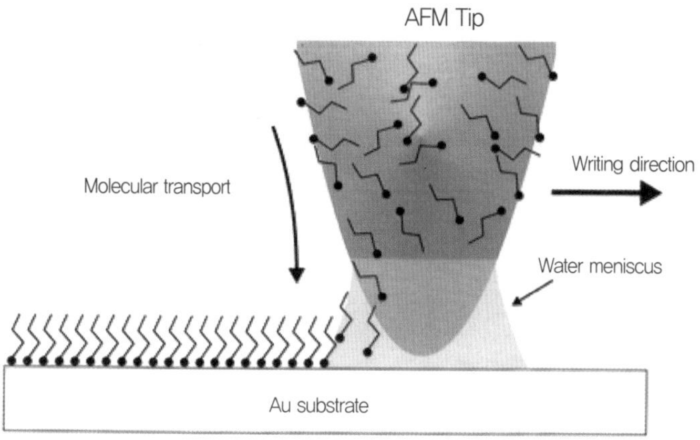

그림 5.11 "Dip–Pen"Nanolithography(Richard D. Piner *et al.*, *Science*, 283, 661–663, 1999)

(micro-contact printing, μCP)을 이용한 방법, 전자빔 리소그래피(e-beam lithography)나 기존의 반도체 공정에 사용되는 자외선 리소그래피(UV lithography)를 이용한 방법 등이 있다.

DPN는 노스웨스턴 대학의 머킨(C. Mirkin) 연구팀이 개발한 방법으로 기존의 표면구조를 관찰하기 위한 AFM 장비를 이용하여 AFM Tip 표면에 DNA, 단백질 등과 같은 바이오 물질을 묻힌 후 종이 위에 펜으로 글씨를 쓰듯이 원하는 표면에 바이오 물질을 나노 크기로 전송할 수 있다. DPN는 기존의 자외선 리소그래피 제작 방식에 비해 칩 제작 속도가 느리고 대량 생산의 어려움이 있지만 훨씬 작은 크기의 나노 바이오칩 제작이 가능하고 무엇보다도 서로 다른 다수의 바이오 물질을 나노 크기로 하나의 칩 위에 제작할 수 있기 때문에 나노 바이오칩 제작에 유리하다. 또한 느린 칩 제작 속도의 문제점을 해결하기 위해 병렬 다중 펜을 이용한 연구도 진행되고 있다.

μCP은 하버드 대학의 하이트사이즈(G.M. Whitesides) 연구팀이 개발

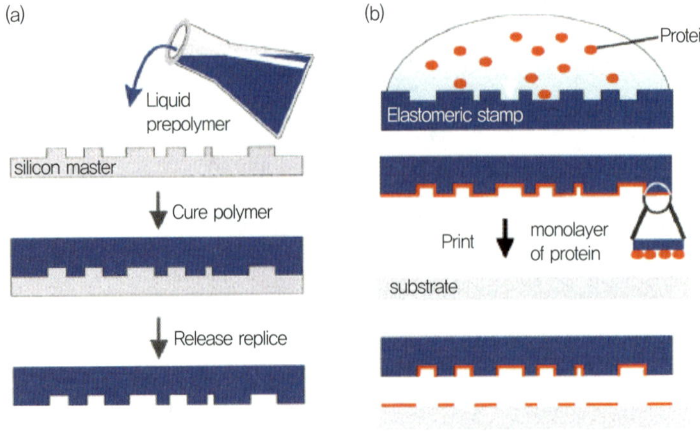

그림 5.12 Microcontact printing of proteins(Andre Bernard *et al.*, *Adv. Mater.* 12, 1067–1070, 2000)

했으며, 표면 식각된 PDMS 도장에 바이오 물질을 적신 후, 종이 위에 도장을 찍듯이 원하는 표면 위에 찍어 나노 크기의 픽셀을 가지는 바이오칩을 제작하는 방법이다. 이 방법은 DPN에 비해 칩의 제작 속도가 빠르고 대량생산이 가능하다는 장점이 있으나 도달할 수 있는 최소 픽셀 크기가 DPN에 비해 크고 아직까지는 PDMS 도장으로 서로 다른 다수의 바이오 물질을 도입하지 못하는 단점이 있기 때문에 많은 종류의 바이오 물질을 포함한 나노 바이오칩 제작에는 한계가 있다.

전자빔 리소그래피나 기존의 자외선 리소그래피는 DPN 방식처럼 직접적으로 바이오 물질을 붙이는 것이 아니라 e-beam이나 UV를 특정 표면 위치에 조사시켜 그 부위를 활성화한 후, 바이오 물질을 흘려서 빛이 조사된 위치에 특정 바이오 물질을 붙인다. 자외선 리소그래피에서는 칩 제작 속도가 빠르고 대량생산이 가능하지만 공정가격이 매우 높고 바이오기술과 직접적으로 접목하기에는 기술적 · 경제적 어려움이 있다.

6장

나노공정

1. 들어가며

나노공정(nanofabrication, 줄여서 나노팹)은 최소 크기가 1nm에서 100nm의 범위의 구조물을 대량으로 제작하는 모든 과정을 의미한다. 나노과학을 실생활에 이용하려면 나노구조물을 대량으로 쉽고 경제적으로 제작하는 공정기술의 발달이 필요하며, 이러한 공정기술은 나노공학의 근본이 된다.

나노공정기술은 제작방식에 따라 크게 하향식(top-down)과 상향식(bottom-up)으로 구분한다. 하향식의 대표적인 예는 포토리소그래피(photolithography)로 큰 구조물에서 시작하여 그 크기를 줄여나가 작은 크기의 나노 구조물을 제작하는 방식이다. 이와는 반대로 상향식은 자연의 원리에 한층 더 근접한 방법으로 원자나 분자 또는 나노 입자 등과 같은 작은 것을 결합하여 구조물을 제작하는 방식이다. 생명체에서 생명현상을 유지하기 위해 아미노산을 결합하여 단백질을 형성하는 것은 상향식의 대표적인 예다.

또한 반도체의 제작에 이용되는 기존의 포토리소그래피와 이를 개선한 방식을 통틀어 전통적(conventional) 방법이라 하며, 그 외의 방식을 사용하는 공정을 비전통적(unconventional) 방법이라 한다. 비전통적 방법에는 단단한 물질로 제작된 주형(mold)으로 고온에서 강한 압력으로 찍어내는 나노임프린트 리소그래피(nanoimprint lithography)와 상대적으로 저온 저압에서 구조물을 만들어내는 소프트 리소그래피(soft lithography) 등의 하향식 공정이 있다. 또한 비전통적 방법에는 자기조립

(self-assembly)과 같은 상향식도 포함된다. 연구가 진행됨에 따라 소프트 리소그래피의 경우도 포토리소그래피의 경우와 같이 마이크로 스케일에서 나노 스케일의 구조물도 구현이 가능해지고 있다. 비전통적 방법의 경우 다양한 방법이 계속 개발되고 있으며 명칭과 공정의 구분도 통일하는 과정에 있다.

표 6.1 빛의 사용 유무에 따른 나노공정의 구분

	전통적 방법	비 전통적 방법
하향식	• Photolithography • Scanning beam lithography –Electron beam lithography –Focused ion beam lithography –Optical projection lithography –Extreme UV lithography –X-ray lithography –Electron and ion projection lithography	• Near-field phase-shifting photolithography • Nano imprint lithography • Capillary lithography • Soft lithography –Replica molding(REM) –Microcontact printing(μCP) –Electrical μCP(e-μCP) –Nanotransfer printing(nTP) –Edge lithography
상향식		• Scanning probe lithography (SPL) • Self-assembly

2. 하향식 방법

1) 포토리소그래피

고분자를 이용한 나노공정에서 가장 대표적인 기술이 포토리소그래피다. 포토리소그래피는 자외선 등의 특정 파장에 반응하는 감광성고분자

(Photoresist, PR)를 이용하여 마스크상의 패턴을 기판에 전사하는 방법을 일컫는다. 포토리소그래피를 단계별로 살펴보면 다음과 같다.

(1) 마스크(mask) 제작

감광성고분자가 코팅된 실리콘 기판 위에 반복적으로 원하는 패턴을 만들기 위해 사용하는 형판(stencil)을 통틀어 마스크라 한다. 마스크는 노광공정에 사용되는 빛의 종류에 따라 다른 물질로 만들어진다. UV를 사용할 경우는 유리를, deep UV를 사용할 경우는 석영(quartz)을 이용하여 만든다. 그 위에 대략 800Å 두께의 크롬 층을 깔고 전자빔 리소그래피를 이용하여 패턴을 그린다. 패턴을 양각이나 음각으로 그리느냐에 따라 light field와 dark field로 나뉜다. Light field와 dark field는 사용할 포토레지스트의 종류에 따라 선택한다.

마스크의 패턴은 감광성고분자에 전사되는 패턴에 비해 주로 4배 정도 크게 제작되며, 렌즈에 의하여 그 크기가 축소되어 원하는 크기의 패턴으로 전사된다. 전사하려는 패턴의 크기가 10μm보다 큰 경우에는 상대적으로 저렴한 필름 마스크도 사용이 가능하지만 유리나 석영을 사용

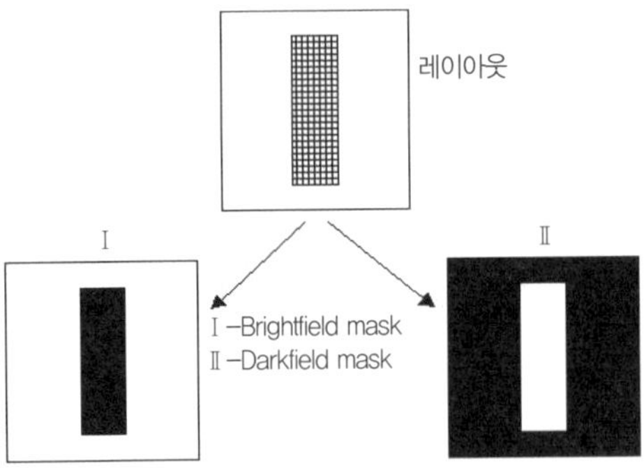

그림 6.1 마스크의 종류

하는 마스크에 비해서 정밀도는 떨어지는 편이다.

(2) 감광제 스핀코팅

감광성고분자는 박막을 형성하는 기본 다중체인 폴리머(polymer)와 빛에 민감한 반응을 보이는 감응물질(sensitizer), 합성수지물질을 녹이는 유기 용매(solvent)로 구성된다. 용제는 감광제를 액체 상태로 유지시켜 기판에 도포하기 쉽게 만들고 다중체는 고분자 물질로서 막의 기계적인 성질을 결정하며 감응제는 빛에 의한 광화학 반응을 일으킨다. 감광제는 크게 두 가지로 나누는데 빛을 조사받은 부분이 현상할 때 녹아나가는 양성감광막(positive type), 그리고 빛을 조사받은 부분이 오히려 남게 되는 음성감광막(negative type)으로 나뉜다.

양성감광막은 노광된 부분이 화학변화(분해, 주쇄절단)하여 용해성이 증가하는 종류다. 양성감응제의 경우 감광제는 고분자가 용매에 녹는 것을 억제하는 용해억제제(dissolution inhibitor) 역할을 하는데, 빛에 노출되지 않으면 감광제 용매에 녹는 것을 억제해주다가 자외선에 조사되면 구조가 깨지면서 더는 용매 억제기능을 하지 못해 결국 빛에 조사된 부분이 선택적으로 녹아나가게 된다. 이러한 기직을 용해억제형이라고 한다. 음성감광제에 비해 물성은 떨어지지만 해상력이 탁월하기 때문에 미세 패턴 형성에 주로 사용된다.

음성감광제는 촉매작용을 하는 Photo Acid Generator(PAG)가 들어 있어 약간의 빛으로도 사슬 반응을 일으키고, 궁극적으로 아주 적은 양의 빛으로도 고감도를 유지할 수 있도록 만들어졌다. 노광에 의해 가교(crosslinking) 반응으로 분자량이 크게 증가하면서 용해성이 떨어져서 패턴을 형성하게 된다. 이러한 기작을 화학증폭형이라고 한다. 양성

감광제에 비해 상대적으로 열적특성, 내화학성 등이 현저하게 좋기 때문에 먼저 상품화되어 금속이나 유리의 정밀가공, 인쇄뿐만 아니라 초기 반도체 생산공정에 사용되어왔다. 그러나 용매에 의한 부풀어오르는 현상(swelling)으로 미세한 패턴 형성에는 한계가 있다.

스핀코팅은 감광막을 우리가 원하는 두께로 기판에 일정하게 도포하는 공정으로서 사용하는 감광제에 따라 다르지만 수백 나노에서 수십 마이크로까지 조절할 수 있다. 감광막을 도포하기 전에 먼저 감광막의 접착도를 증가시키기 위해 표면처리를 해주어야 하는데 보통 HMDS(Hexamethyldisilane)을 2% 정도로 묽게 해서 기판에 도포하면 실리콘 기판과 감광막 사이의 접착력을 크게 향상시킨다. 이러한 표면처리를 하지 않을 경우 감광막이 쉽게 박리되어 후속 공정에 문제가 생기게 된다. 막의 두께는 용액의 점도나 농도, 그리고 스핀 속도로 조절할 수 있다.

(3) Soft bake

Soft bake는 감광막 도포 후 잔여 용매를 제거하고 막의 응력 제거 및 기판과의 접착력을 증가시킨다. 공정 조건은 대개 70~95℃ 사이에서 4~30분 정도 진행되는데, 시간이 부족할 경우 막이 기판에서 박리되거나 끈적끈적하게 되고, 시간이 과도할 경우 막이 변성되어 나중에 제거하기 어렵게 된다. Soft bake는 감광제 도포 후 잔여 용매를 70~90% 정도까지 날려보내고 감광제 내의 다중체와 감응제의 균형을 조절한다. Soft bake의 온도에 따라 용매의 잔류량이 변하고 이 잔류량에 따라 감응제의 확산 정도가 달라진다. Soft bake를 하면 용매기화에 의한 두께 손실이 일어난다.

(4) 정렬(alignment)과 노출(exposure)

반도체 회로는 보통 여러 층으로 구성된 다층막으로서 패턴이 원하는 위치에 형성되어야만 회로를 연결하거나 인접회로와 격리할 수 있다. 따라서 마스크를 기판에 올려놓을 때 원하는 위치에 갖다 놓는 정렬기술이 필수적이다. 마스크에는 모서리 부분에 정렬을 위한 마커(marker, 표식)가 있으며 보통 레이저를 이 마커에 조사하여 바닥에서 반사되는 빛의 양을 파악하여 최적의 위치를 판단한다.

노출 작업은 포토리소그래피 공정 중 가장 핵심이 되는 단계로 빛을 원하는 세기로 적당한 시간만큼 조사하여 기판에 있는 감광막에 전달시킨다. 쉽게 예측할 수 있듯이 빛의 양이 너무 적으면 감광막이 완전히 제거되기 어렵고, 상대적으로 빛의 양이 너무 많으면 원하지 않는 부분까지 녹아나가기 때문에 적당히 조절하여야 한다. 포토리소그래피로 구현할 수 있는 최소 크기는 빛의 파장에 비례하기 때문에 작은 파장을 가지는 빛을 사용하는 것은 집적화에 필수적이다. 과거에는 수은 램프의 I line(파장 365nm)을 많이 사용했으나 현재 KrF(248nm)에서 ArF(193nm)로 점차적으로 기술이 발전하는 단계다.

(5) 현상(development)

현상은 식각되어야 할 부분에 있는 감광막을 제거하는 과정으로, 주어진 감광막에 적합한 용제를 사용하여 선택적인 감광막 패턴을 형성한다. 노광된 포토레지스트는 노광 자체만으로는 노광되지 않은 부분과 차이를 육안으로 구별할 수 없다. 그러나 사진을 인화하는 것처럼 현상을 하면 빛을 받은 부분 혹은 빛을 받지 않은 부분이 선택적으로 녹아나가게 되어 육안으로 드러나는 차이를 만들어준다. 현상하는 방법은 분무기를 이용하거나 현상액과 세척액에 순서적으로 담그는 용침(immersion) 방법 등이 있으나 안정적인 현상을 위해 후자의 방법을 많이 사용한다.

(6) Hard bake

현상 후에 바로 식각 작업에 들어가는 것이 아니라 감광막과 기판과의 접착력을 더욱 향상시키기 위해 다시 한 번 열처리 작업을 수행한다. 이때 감광막에 존재하는 여분의 용매가 제거되며 접착력이 월등하게 증가한다. 공정 조건은 soft bake에 비해 약간 가혹한 조건으로서 100~150℃ 사이에서 10~20분 정도를 한다. 지나치게 오래 열처리를 하면 역시 찌꺼기가 생기며 감광막 제거가 어렵게 된다.

(7) 식각(etching)

노광공정의 단계가 끝나면 후속 공정으로 식각을 하여 포토레지스트의 패턴을 기판에 전사시킨다. 식각은 크게 건식식각(dry etching)과 습식식각(wet etching)으로 나눈다.

건식식각은 반응성이온식각법(Reactive Ion Etching, RIE)으로 불리며 한쪽 방향으로만 식각이 진행되는 비등방성 식각이다. 먼저 적합한 식각 가스를 진공챔버 내에 유입한다. 그리고 접지된 상부전극과 평행한 웨이퍼 홀더에 바이어스용 고수파 전압을 가하여 가스를 플라즈마화한다. 플라즈마 내에는 양이온, 음이온, 전자 등의 하전입자와 중성라디칼이 존재한다. 식각종이 피식각 재료에 흡착되면 표면화학반응을 일으키고, 반응 생성물이 배기되며 식각이 진행된다. 먼저 가장 가벼운 음이온이 웨이퍼에 코팅이 되고 양이온이 음이온에 수직으로 끌려내려와 활성화 에너지를 낮추면 중성라디칼이 식각을 하게 된다. 측면 벽은 양이온에 의한 활

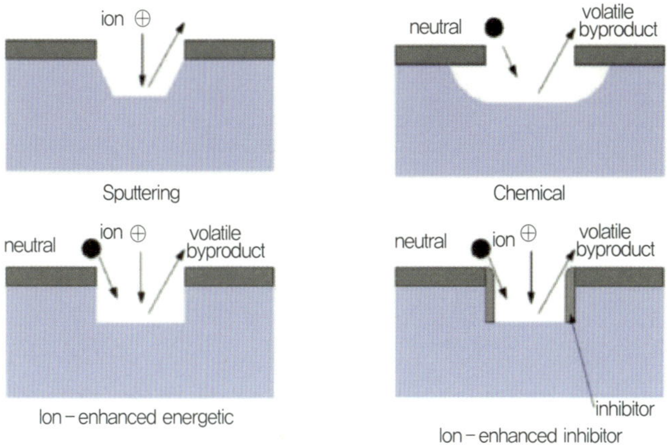

그림 6.2 반응성이온식각 모식도

성화가 적어 식각이 거의 일어나지 않게 되어 비등방성 식각이 가능해진다.

습식식각은 석영이나 테프론 등으로 만든 식각조(bath)에 식각액을 넣고, 그곳에 웨이퍼를 담가 식각한다. 식각이 모든 방향에서 같은 속도로 일어나는 등방성식각(isotropic etching)의 경우 식각액으로 산을 주로 사용하며 다른 방향에 비하여 한 방향으로 식각이 빠르게 일어나는 비등방성식각(anisotropic etching)의 경우 식각액으로 염기를 이용한다. 습식식각은 건식식각에 비하여 선택도가 좋고 식각속도가 빠르나 비등방성이 나쁘고 식각의 시작과 중지시점을 조절하기가 어렵다.

(8) 해상도(resolution)

포토리소그래피는 결국 원하는 패턴 크기를 얻는 공정이므로 얼마나 작은 패턴을 정교하게 얻을 수 있는가를 결정하는 해상도가 중요하다. 해상도는 다음의 식으로 표현된다.

$$\text{Resolution}(R) = K_1 \times l/NA \quad (1)$$

$$DOF = K_2 \times l/NA_2 \quad (2)$$

여기서 l는 노광파장, NA는 렌즈의 개구수(numerical aperture), K_1와 K_2는 레지스트 공정에 의한 비례상수다. NA는 렌즈의 지름에 비례하고 초점거리(focal length)에 반비례하는 값이다. 그리고 DOF는 Depth of Focus의 약자로 기판의 울퉁불퉁한 정도를 보정할 수 있는 초점거리이며 해상도가 작아지면 같이 작아지는 것을 알 수 있다. 위 식에서 알 수 있듯이 파장이 짧아짐에 따라 얻을 수 있는 해상도도 커지고 또 렌즈가 커질수록 해상도가 좋아진다. 하지만 파장이 점점 짧아지면 회절(diffraction)과 같은 기술적인 문제가 생기고 렌즈가 커지면 공정가격 상승과 렌즈 가공에 문제가 생긴다.

1980년대 중반 이후 포토리소그래피는 머지않아 한계에 부닥치게 될 것이라고 예상되어왔으나, 새로운 기술의 개발로 그 한계를 극복해왔다. 가장 근본적인 제한요인은 노출에 사용되는 빛의 파장이다. 광원에서 나오는 빛이 마스크를 통과하여 포토레지스트를 감광시키는 포토리소그래피는 앞에서 살펴본 바와 같이 구현 가능한 최소 크기가 빛의 파장에 의해 결정되므로 노광에 사용되는 빛의 파장보다 작은 구조물을 만들 수 없다. 0.8㎛ 이상의 선폭을 갖는 회로의 경우에는 수은램프(파장=365nm)를 사용하였으나, 그 이하의 선폭을 형성하기 위해서는 새로운 광원이 필요하게 되었다. KrF(Kripton Fluoride) 엑시머 레이저(파장=248nm)를 이용하여 0.13㎛ 공정이 가능해졌으며, 90nm 이하의 공정이 필요해짐에 따라 ArF(Argon Fluoride) 엑시머 레이저(파장=193nm)

가 사용되었다. ArF 엑시머 레이저보다 더 짧은 파장을 이용하기 위해서는 불소 엑시머 레이저(파장=157nm)를 사용하여야 하나, 렌즈 시스템의 개구수가 낮아지는 등 다양한 문제가 발생하게 된다.

2) 나노임프린트 리소그래피(NIL)

나노임프린트 리소그래피(Nanoimprint Lithography, NIL)는 고분자 층에 빛을 조사하여 화학구조를 변형시키는 포토리소그래피와는 달리 전자빔 리소그래피를 이용하여 단단한 물질에 3차원의 패턴을 만든다. 이 패턴을 스탬프로 사용하여 누르고자 하는 고분자 층을 유리전이온도(T_g, Glass transition temperature)로 가열하여 유동성 있게 만든 다음 패턴이 있는 주형을 접촉시키고 물리적으로 눌러서 고분자 층에 원하는 패턴을 만들어내는 방법이다. 이 방법을 이용하여 제작 가능한 최소 크기는 ~5nm이고 가능한 종횡비(aspect ratio, height to width)는 최대 20 정도다. 우선 실리콘과 같은 기판에 고분자 박막을 코팅하고 제작된 스탬프와 기판을 평행하게 위치시킨다. 그후 고분자의 유리전이온도까지 가열한 뒤 스탬프를 고분자 박막과 물리적으로 접촉시키고 압력을 가한다. 가해지는 압력은 평균적으로 50~130 bar 정도다. 그후 유리전이온도 이하로 온도를 낮추고 스탬프와 고분자 박막을 분리한다. 마지막으로 RIE 같은 건식식각으로 잔존층(residual layer)을 제거한다.

위에서 설명한 방식은 주로 고분자를 열적으로 가열하여 유동성을 일으키고 이를 이용해 패턴을 전사하였다. 따라서 이와 같은 방법을 hot embossing 혹은 thermal imprint lithography라고 부르기도 한다. 그런데 이렇게 열과 강한 압력을 가하면 장치가 복잡해지고 공정의 경제성에 흠이 된다. 또한 강한 압력으로 인한 대면적 공정의 어려움과 기판이 깨

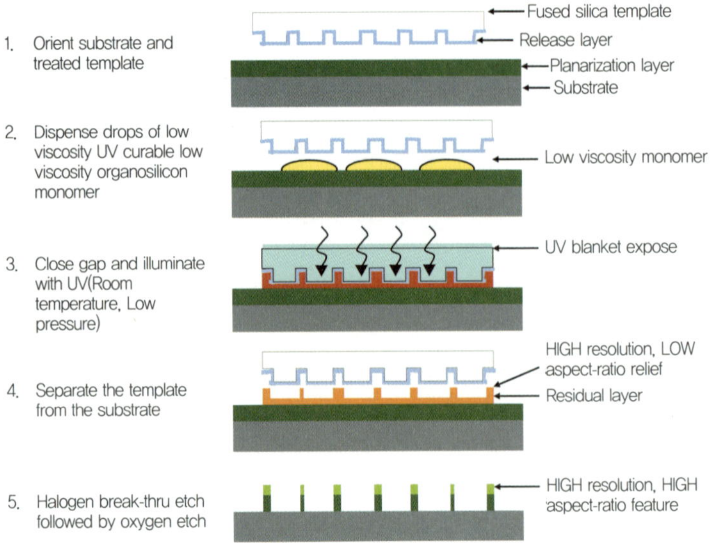

그림 6.3 UV-assisted imprint lithography의 모식도

지기 쉬운 문제 등 여러 가지 공정상의 문제점이 대두된다. 이러한 문제점을 해결한 것이 UV로 경화되는 고분자를 이용한 UV-assisted imprint lithography이다.

이 방법은 대체적으로 기존의 hot embossing 방법과 일치하나 UV를 통해 경화시키기 때문에 누르는 압력이 상압 이하로도 떨어질 수 있다. 그러나 UV를 통해 경화시켜야 하므로 사용하는 스탬프는 석영 계통의 투명한 것을 사용해야 한다. 이 방법은 공정상으로 볼 때 기존의 임프린트 방법보다 많은 장점이 있는 것은 사실이나 석영 몰드에 나노 패턴을 새기는 공정이 어려워 몰드 제작비용이 증가한다. 또한 몰드를 접촉시킬 때 기포가 갇히게 되어 결함(defect)이 많이 생기게 되므로 이에 대한 조절이 문제가 된다.

이 밖에도 고온 공정에서 생기는 문제점을 극복하고자 자유부피

(free volume) 수축과 플라스틱 변형에 기초한 상온 임프린트 공정(room temperature imprint lithography)도 개발되었다. 보통 고분자의 유리전이 온도보다 높은 온도에서 행해지는 전통적인 고온 공정에서는 먼저 형성된 패턴이 다음에 누를 때의 온도에 의해 파괴되기 때문에 같은 기판 위에 연속적으로 행해질 수 없으나, 상온 공정에서는 원하는 패턴을 여러 번 같은 기판층 위에 눌러 가공함으로써 넓은 면적에 패턴을 만들 수 있다는 장점이 있다.

(1) 스탬프 제작 기술

나노임프린트 리소그래피에서 제작 가능한 패턴의 크기(minimum feature)와 분해능(resolution)의 한계는 스탬프의 제작 기술에 따라 달라지므로 스탬프의 제작 기술이 선행되어야 하며 여러 가지 다른 방법을 연구하고 있다.

스탬프는 주로 실리콘을 이용해서 만든다. 우선 전자빔 리소그래피로 포토레지스트를 선택적으로 감광해 노출시키고 그 위에 크롬을 증착한다. 그 후 RIE를 통해 크롬 층이 없는 부분을 제거하고 최종적으로 크롬 층을 제거하여 스탬프를 제작한다. 현재의 방법을 이용하여 대면적 스탬프를 제작할 경우 장시간의 공정과 많은 비용이 필요하다. 이러한 문제점을 해결하기 위해 전자빔 리소그래피로 제작된 고가의 스탬프를 반영구적으로 사용하기 위해, 강도가 있는 폴리머를 이용하여 고가의 스탬프를 복제하여 이것을 임프린트 공정에 적용함으로써 저가, 대량공정이 가능하도록 하는 기술이 연구되었다.

나노임프린트 리소그래피 기술이 적은 공정비용으로 대량생산에 쓰이기 위해서는 연속전사(roll to roll) 기술 개발이 필요하다. 이를 위해 원통형 타입의 스탬프를 제작하기 위해 얇은 금속 필름을 표면이 매끈한 롤러에 붙여 제작하는 방법이 연구되었다. 또한 상대적으로 고온 고압이 필요한 열 경화방식의 임프린트에 비해 패턴의 왜곡이 적은 장점을 가진 자외선 경화방식의 임프린트에 대한 관심이 높아지면서 석영, 사파이어, 다이아몬드 같은 빛을 통과하는 투명한 재질의 스탬프 제작에 관한 연구를 진행하고 있다.

(2) 나노임프린트 리소그래피의 현황과 문제점

나노임프린트 리소그래피는 나노스케일의 구조를 저가로 생산할 수 있는 가능성이 있지만, 실제 산업에 적용하려면 해결해야 할 문제가 많다.

다층 공정(multi-level process)을 위한 정렬 기술

나노임프린트 리소그래피를 초고집적 회로 제작에 사용하기 위해서는 정렬 오차가 10nm 이하여야 한다. 정렬 정밀도는 스탬프의 크기, 정렬 과정에서의 고분자의 열적 · 기계적 안정성, 스탬프 및 기판의 재질에 따라 달라진다. 그러나 현재의 광학적 정렬 방법으로는 1μm 이하로 정렬 오차를 줄이기가 어렵다. 이 문제를 해결하기 위하여 압전구동(piezo-drive)이나 회절무늬를 측정하여 정렬하는 등 여러 가지 방법을 연구하고 있다.

고밀도 패턴을 가지는 대면적 스탬프

스탬프의 크기는 한 번에 인쇄할 수 있는 면적을 결정하며, 이것은 나노임프린트 리소그래피의 생산성에 영향을 주는 중요한 요인이다. 스탬프 내에서의 미세 패턴의 밀도는 고분자의 점성에 의한 유동 특성에 의해 제한되므로, 패턴이 스탬프 내에서 어떻게 배치되어야 하는가에 대한 설계

규칙에 대한 연구가 진행되어야 한다. 또 대면적으로 패턴을 만들 경우 잔존층이 균일하게 분포되지 않아 그후의 공정에 문제가 생기게 되므로 그 문제점을 해결하기 위한 연구를 진행 중이다.

스탬프와 고분자의 접착

스탬프와 고분자의 접착 문제를 해소하기 위하여, 이형막(anti-sticking layer)을 사용하고 있으나 이것을 사용하지 않는 것이 이상적이다. 이를 위하여 고분자에 대한 연구와 함께 임프린트 온도의 선택, 고분자의 점탄성(visco-elasticity), 고분자와 스탬프 간의 계면 에너지에 대한 연구를 진행 중이다.

경화 방법과 임프린트 온도/압력

고분자의 가열 시간과 경화 시간을 줄이는 것은 나노임프린트 리소그래피의 생산성을 높이는 한 방법이다. 이를 위해 레이저를 이용하여 순간적으로 온도를 높이는 방법이 연구되었고, 별도의 가열공정 없이 상온에서 압력을 가하여 성형하는 방법이나, UV 경화성 고분자를 이용하는 방법도 연구되었다.

스탬프의 수명

나노임프린트 리소그래피에 사용되는 스탬프 제작에는 많은 시간과 비용이 필요하다. 그리고 고온 조건에서 스탬프에 고압을 가하여 고분자를 각인하기 때문에 스탬프의 수명에는 한계가 있고 이것은 나노임프린트 리소그래피의 생산성을 결정짓는 핵심적 요소다. 지금까지의 연구는 실험실 수준의 자동화되지 않은 장비에서 수행되어왔기 때문에, 스탬프의 수

명에 대한 문제는 충분히 연구되어 있지 못하다. 현재 수동 작업에 의한 임프린트는 스탬프를 대략 50회 정도 사용할 수 있는 것으로 알려져 있다. 스탬프의 수명을 연장하기 위하여 스탬프를 복제하여 사용하거나 좀 더 강한 물질로 만드는 방법을 연구하고 있다.

고분자 재료

나노임프린트 공정을 조절하기 위해서는 고분자의 기계적 성질을 이해하는 것이 필요하다. 또 스탬프와 고분자의 접착, 공정온도/압력 등도 고분자 재료에 크게 의존한다. 온도에 따른 고분자 점성(viscosity)과 탄성(elasticity)은 복잡한 형태로 변화하며, 나노임프린트 공정에서의 외부 압력에 대한 고분자의 유동 및 변형 등에 대한 연구를 진행하고 있다.

3) 소프트 리소그래피

소프트 리소그래피는 패턴을 만드는 데 필요한 몰드를 기존의 단단한 물질이 아니라 탄성체(elastomer)인 PDMS(polydimethylsiloxane)로 만든 데에서 유래했다. 소프트 리소그래피는 몰딩(molding)을 기반으로 하는 기술(예: replica molding, micro molding in capillaries, micro-transfer molding, solvent-assisted micromolding)과 프린팅을 기반으로 하는 미세접촉프린팅(micro-contact printing, μCP)으로 크게 분류할 수 있다. 이 기술은 저렴하고, 포토리소그래피와는 달리 평평하지 않은 기판에도 형상을 쉽게 만들 수 있으며, 제작 시간이 빠르고 다양한 물질을 이용하여 구조물을 만들 수 있다는 장점이 있다.

몰드로 사용되는 PDMS는 낮은 표면에너지(21.6dyne/cm^2)를 가지고 있고 화학적으로 안정하여 다른 물질과 반응을 하지 않으며 쉽게 분리되며, 물이 흡수되는 스웰링 현상을 일으키지 않는다. 또한 가스를 쉽게 통과시키며, 열에 안정하다(~186℃). 그리고 300nm 파장의 빛까지 통과시킬 수 있어서 UV경화 고분자를 성형할 수 있다. 그리고 구조가 등방적(isotropic)이고 균일한(homogeneous) 물질이며, 계면특성(interfacial properties)을 쉽게 조절할 수 있다는 장점이 있어 몰드로 적합한 물질이다. 이 몰드는 50회 이상 사용 가능하다고 알려져 있다. 그러나 PDMS는 탄성체로 단단한 물질이 아니어서(Young's modulus: ~3 MPa) 400nm 이하의 구조물은 몰드의 변형 때문에 만들기가 어렵고 고종횡비 구조물도 역시 제작이 어렵다.

또 경화과정(curing) 중에 수축되며(~1%), 고온에서는 열에 의해 팽창한다. 그리고 기본적으로 친수성 액체에 대해서는 팽창을 일으키지 않으나 톨루엔이나 헥산 같은 비극성 용매에서는 팽창이 발생한다. 그리고 탄성체이므로 몰드의 변형 때문에 넓은 면적으로 패턴을 만들 때와 다층(multi layer) 구조물을 만들 때 정밀한 성형이 힘들다는 문제가 발생한다.

(1) 몰딩 기반 기술

Replica Molding(REM)

본 방식은 포토리소그래피 또는 전자빔 리소그래피 등을 통해 이미 만들어진 패턴 형상을 PDMS 등의 고분자를 이용하여 패턴을 1차 복제한 다음, 이 복제한 몰드를 이용하여 패턴을 다시 전사하는 방식이다. 이 방식의 경우, 두 번의 복제 과정을 거치기 때문에, 마스터(master)와 최종적으로 같은 형상의 패턴을 만들 수 있다. 또 매우 간단한 공정을 통하여 원하는 형상을 반복적으로 마스터에서 복제할 수 있는 장점이 있어, 다양하게 응용할 수 있다. 이 방식은 그림 6.4와 같이 크게 세 단계로 이루어진다.

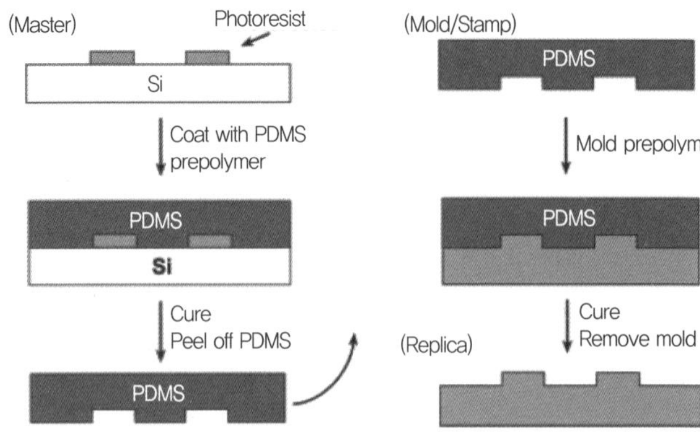

그림 6.4 Replica molding 개념도

① 반도체 공정을 이용해서 마스터를 만드는 과정

② 마스터의 패턴을 PDMS로 전사하는 과정

③ PDMS 몰드에 액체 상태의 폴리머를 굳혀서 원래 마스터와 동일한 형상을 복제하는 과정

Micromolding in Capillaries(MIMIC)

역시 PDMS를 이용한 방식으로 소프트 리소그래피의 대표적인 방식이라 할 수 있다. 이 방식은 연결된 형상을 가지고 있는 PDMS 몰드를 기판 상에 접촉시킨 후, 액체 형태의 고분자를 모세관 현상을 이용하여 PDMS 몰드의 빈 공간에 흐르게 하여 채운 후, 경화시킴으로써 원하는 형상을 얻는 방식이다. 이 방식은 쉽게 원하는 형상을 얻을 수 있다는 장점이 있으나, 패턴이 모두 연결된 형상이어야 한다는 제약이 있다. 또한 모세관 형상을 이용하여 몰드의 빈 공간을 채우는 방식이기 때문에, 시간이 오래 걸리고 넓은 면적의 패턴 형성이 어려운 단점도 있다.

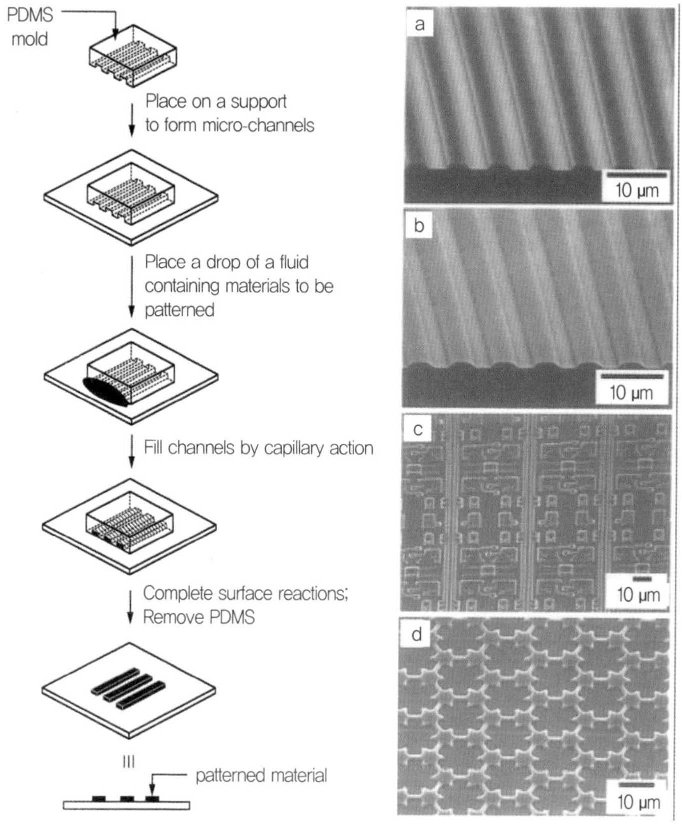

그림 6.5 MIMIC 개략도(Kim, E. *et al*., *Advanced Meterials*, 9, 651–654, 1997)

몰딩의 제한요소

몰딩을 기반으로 하는 기술은 비전통적 리소그래피 중에 가장 대표적이고 성공적인 방법이지만 다음과 같은 제한요소가 있다.

① 근본적으로 마스터로 제작 가능한 최소선폭과 해상도 이상의 구조물을 만들지 못한다.

② 표면 에너지에 의한 표면 오염 때문에 마스터에서 복제해낼 수 있

는 횟수에 제한이 있다.

③ 복제해낼 때 너비, 폭, 높이가 줄어들어 마스터와 정확히 똑같은 구조물을 얻을 수 없고 코너 부분이 둥글게 되는 문제가 있다(fidelity에 문제가 있다).

④ 마스터에서 몰드를 제작할 때와 몰드를 이용해 기판 위에 패턴을 전사할 때 각 물질의 열팽창 계수가 다르므로 변형이 생길 수 있고, 전구체가 증발되거나 중합되면서 폴리머로 중합되는 과정에서 수축이 일어나면서 변형될 수 있다. 또한 몰드로 성형되는 구조물이 몰드와의 모세관력(capillary force)이나 반데르발스 힘(van der Waals force) 등에 의해 변형될 수 있고, 몰드를 기판에서 분리하는 과정에서 구조물이 변형될 수 있다.

⑤ 폴리머를 녹이는 데 쓰인 용매에 의해 몰드가 팽창되는 등 변형이 일어날 수 있다.

⑥ 몰드 안을 고분자 전구체로 채우는 과정에서 몰드 안에 공기가 차는 등 여러 요인으로 몰드 전체를 채우지 못하면 완벽한 구조물을 얻을 수 없다.

⑦ 잔존층의 두께를 일정하게 유지하기 어렵다.

(2) Printing 기반 기술

Microcontact Printing(μCP)

μCP은 PDMS로 몰드를 제작하여 도장에 인주를 묻히듯이 그 표면에 특정 분자로 된 단일막(monolayer)을 흡수시킨 뒤 기판에 접촉시켜 기판의 표면과 분자 간의 화학반응을 통하여 기판의 특정 부분에 단일막을 전사하는 방법이다. 형성된 단일막은 노출된 부분을 화학적으로 처리하여 단일막이 형성된 부분에 다른 분자가 붙지 않도록 하거나 특정한 분자만 부

착되도록 함으로써 기판의 표면 특성을 변화시키는 역할을 한다. μCP은 금 표면에 thiol group을 가진 분자의 단일막을 형성하는 것을 포함하여 여러 종류의 표면에 다양한 단일막을 형성할 수 있다. μCP은 다음과 같이 평평한 몰드나 원통형 몰드를 이용하여 단일막을 형성할 수 있으며, 원통과 같은 굴곡진 표면에도 패턴을 형성할 수 있다.

Nanotransfer Printing(nTP)

nTP 또한 μCP을 기반으로 하는 기술로서 얇은 고체 막을 나노스케일의 패턴을 가진 몰드에서 기판 위로 전사하는 기술을 의미한다. 예로 금 층을 thiol기가 코팅된 기판 위에 부착할 수도 있고, 금속과 금속 간의 냉용

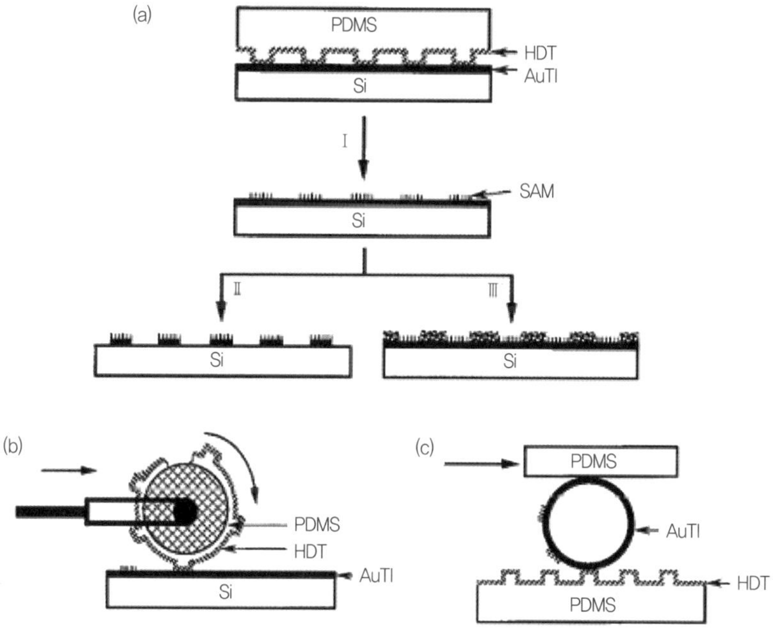

그림 6.6 μCP의 모식도(Xia, Younan, and George M. Whitesides, *Angewandte Chemie International Edition*, 37, 550–575, 1998)

접(cold welding)으로 금속 층을 부착할 수도 있다. 또 분자 간의 축합 반응이나 비 공유 결합력으로 막을 전사하는 연구도 진행 중이다. 대표적인 예로 금 층을 전달하는 것을 살펴보면 우선 PDMS 몰드에 금 층을 입힌다(~20nm). 그리고 thiol기로 코팅된 기판에 접촉시키면 금과 thiol 간의 결합력이 금과 PDMS와의 결합력보다 크기 때문에 기판으로 금 층이 옮겨진다. 이 방법으로 현재까지 70nm의 해상도로 패턴이 가능한 것으로 알려져 있다.

프린팅의 제한요소

프린팅을 이용한 방법도 다음과 같은 제한요소가 있다.

① 몰딩에 의한 방법의 경우와 같이 제작 가능한 해상도가 마스터에 의해 제한되며, 수축 등의 이유로 PDMS 몰드 제작 시에 마스터와 완벽하게 동일하게 만들 수 없고, 프린팅을 할 때 몰드에 변형이 생긴다.

② 잉크가 종이 위에 번지듯이 몰드에서 기판 위로 프린팅된 물질의 확산현상(diffusion)에 의하여 몰드와 동일한 해상도의 패턴 형성이 어렵다. 분자량이 큰 물질을 사용하면 확산현상을 줄일 수 있다.

③ nTP의 경우 제작 가능한 막의 두께가 금속박막 알갱이의 크기에 의해 제한된다(금의 경우 ~50nm).

④ 성공적으로 프린팅을 하기 위해서는 기판과 프린팅되는 물질 간의 접착력이 물질과 몰드 간의 접착력보다 커야 한다. 이를 위해 몰드에 점착방지막을 만들기도 하나 그럴 경우 몰드에 물질을 부착하는 것이 어려워지는 문제가 발생한다.

4) 모세관력 리소그래피(Capillary Force Lithography, CFL)

모세관 현상은 고분자 물질을 이용한 패턴 형성에서 유용한 개념 중의 하나다. 액체가 모세관을 적실 때, 낮은 자유에너지를 갖게 되며, 그 젖음 현상은 액체의 모세관 오름 현상을 일으킨다. 대표적인 모세관 현상을 통한 패턴 형성 방법으로 앞에서 살펴본 MIMIC이 있다.

모세관력 리소그래피는 열을 가하여 고분자의 유동성을 유발하는 나노임프린트 리소그래피와 탄성체 몰드를 이용하는 미세접촉 인쇄법을 결합한 것이다. 이 방법은 임프린트 방법의 우수한 패턴 형성 특성과 압력을 가할 필요가 없는 탄성체 몰드의 장점을 동시에 수용할 수 있고, 패턴 형성 과정에서 패턴이 아닌 부분은 기판이 직접 노출되어 이 후의 고분자 식각 공정이 필요 없는 장점이 있다.

모세관력 리소그래피의 공정은 다음과 같다.

① 포토리소그래피나 전자빔 리소그래피를 통해 만들어진 원형 패턴 PDMS를 부어서 탄성체 마스터를 만든다.

② 그 뒤 고분자 막을 실리콘 기판 위에 30나노미터에서 1.5마이크로미터 두께로 스핀코팅한다.

③ PDMS 몰드를 기판 위에 올려놓는다.

보통, PDMS는 기판에 비해 열팽창계수가 크다. 그 결과 가열온도가 높을 때 몰드는 고분자 막에서 분리되려고 하는 성질이 있다. 이 분리 현상을 막기 위해 몰드가 소프트하게 제조되고, 가열은 상온에서 목적온도까지 점진적으로 이루어진다. 이 경우에는 몰드를 기판에 부착시키기 위해 추가적인 압력이 필요하지 않다.

CFL의 가장 중요한 개념은 고분자가 PDMS 몰드의 벽에 젖게 되는 현상이다. 만약에 고분자/기판 계면 사이의 상호작용이 무시할 만하면

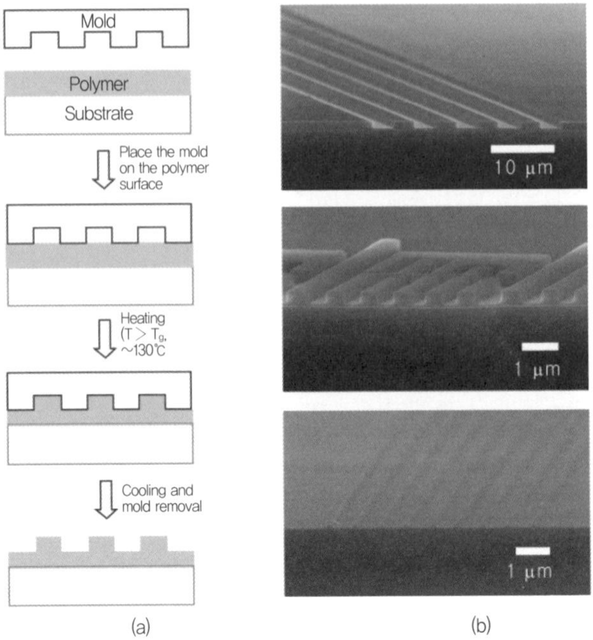

그림 6.7 (a) CFL의 공정 개략도, (b) 패턴 형성 예들. 3㎛ line and space, 500nm network, and 100nm line pattern

고분자는 유리전이온도 이상에서 액체처럼 작용한다. 모세관 힘을 이용해서 유동성을 가진 고분자가 근접 채널의 폭 L을 따라서 올라갈 때, 고분자 막이 몰드를 다 채울 정도로 충분히 두껍다면 잔여의 고분자는 기판 위에 남게 된다. 그러나 고분자 막이 얇고 고분자와 기판 간의 상호영향력이 충분히 작을 때 기판 위엔 고분자가 남지 않게 되고, 기판이 노출되게 된다. 후자의 경우엔 고분자가 채워진 부분에 모세관 현상에 의해 있는 최대높이를 중력에 저항하는 모세관력은 다음의 식과 같다.

$$h_{\max} = \frac{2\gamma_{polymer/air}\cos\theta}{\rho GL} \qquad (1)$$

여기서 $h_{\max}$는 최대높이, $\gamma_{polymer/air}$는 고분자/공기 계면 사이의 표면장력, θ는 고분자와 몰드 계면 사이의 접촉각이다. ρ는 고분자의 밀도이고 G는 중력상수다. 접촉각은 PDMS/폴리스티렌 고분자 시스템의 경우 70~80도다. 이 식을 이용하면 고분자가 몰드와 고분자 간의 빈 공간을 다 채우는 데 걸리는 시간을 예측할 수 있으며 아래 식과 같이 주어진다. 만약 중력의 영향을 무시한다면 고분자의 표면장력과 점도, 그리고 모세관의 크기는 흐름의 속도를 결정한다.

$$t = \frac{2\eta z^2}{R\gamma_{polymer/air}\cos\theta} \qquad (2)$$

여기서 z는 모세관을 따라 흘러간 길이, t는 시간, h는 고분자의 점도, 그리고 R은 수압반지름(hydrodynamic radius)이다.

3. 상향식 방법

지금까지 살펴본 하향식 방법은 벌크 상태의 재료를 가공하여 나노구조물을 만들어내는 방식이다. 그러나 이 방법은 원자나 분자 같은 기본 구성물질(building block)로 시작하여 만들고자 하는 복잡한 구조물을 마치 레고 블록을 조립하는 것과 같은 방법으로 조립하고 결합하여 제작하는 방식이다.

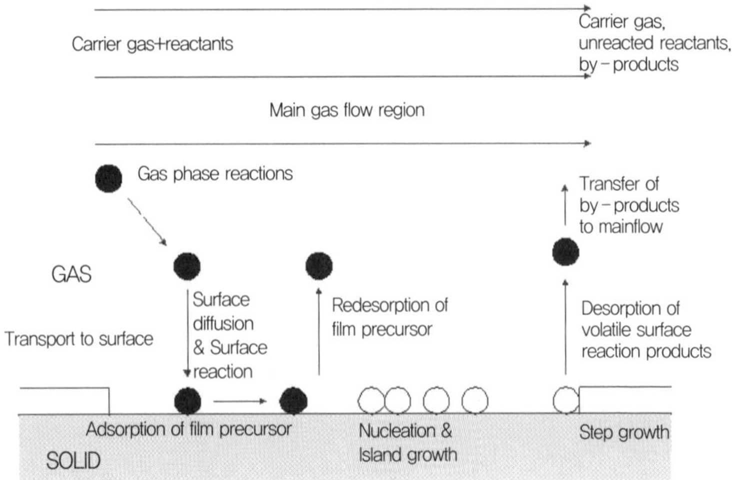

그림 6.8 CVD 과정

1) 기상 증착

기상 증착 방식은 원하는 물질을 기판 위에 성장시켜 박막을 만드는 방식이다. 간단히 설명하면 겨울에 눈이 쌓이는 것에 비유할 수 있다. 기상 증착 방식은 화학기상증착법(Chemical Vapor Deposition)과 물리기상증착법(Physical Vapor Deposition)으로 나눌 수 있다.

화학기상증착법은 비교적 낮은 온도에서 고순도의 결함이 없는 결정층 또는 비결정 물질을 얻을 수 있고, 다양한 종류의 박막을 형성할 수 있으며, 공정을 조절하기 쉬운 장점이 있어 널리 사용되는 방법이다. 화학기상증착법의 과정을 살펴보면 기판 위에 성장시켜 박막을 만들고자 하는 물질이 전구체(precursor)와 함께 기체 상태로 기판 위에 전달된다. 기체 혼합물은 증착 표면에 이르기까지 가열되고, 대류나 증착 표면의 가열에 의해 계속 열을 공급받는다. 기체 혼합물이 기판에 전달된 후 기판 위에서 확산된 뒤 박막을 생성하는 물질과 기판과 화학 반응에 의해 박막이 형성되고, 나머지 물질은 기판에서 탈착(desorption)되어 가스 상태로 배출된다.

물리기상증착법은 원하는 박막 물질의 기판이나 덩어리에 에너지를 가하여 운동에너지를 가지는 해당 물질이 물리적으로 분리되어 다른 기판에 쌓여 박막을 형성하는 방법이다. 대표적인 방법으로 스퍼터링(sputtering)이 있다. 에너지가 높은 입자가 표적에 충돌하면 표적으로부터 원자나 분자가 튀어나오는 현상을 스퍼터링이라고 부른다. 이 원리는 표적을 (−)극, 기판을 (+)극으로 하고 10^{-2}Torr 정도의 Ar 분위기 중에서 고전압을 걸어주면 (−)극 근처의 Ar가스는 이온화해서 Ar^{+}로 되어 (−)극에 충돌한다. 이 이온충격에 의해서 튀어나온 분자나 원자가 (+)극의 기판에 붙어서 박막이 형성되는 것이다.

2) 자기조립(self assembly)

자기조립은 단백질의 합성과 같이 자연계의 생명현상에서 흔하게 보이며 나노기술이 근본취지에 더 적합한 공정이라고 할 수 있다. 이러한 자기조립은 최근 의료용, 전자/정보, 광학 센서 등 나노 크기의 디바이스 제작을 위한 도구로서 각광을 받고 있다.

자기조립은 두 종류 또는 그 이상의 요소가 분자들 간에 작용하는 공유 또는 비공유 결합력(소수성 또는 친수성을 갖는 구성요소 간의 상호작용, 반데르발스 결합, 수소결합 등)에 의하여 자발적으로 결합되어 더 큰 집합체를 만드는 것을 의미한다. 그러나 열역학 제2법칙에 따라 모든 반응은 무질서도가 증가하는 방향으로 진행하려는 경향이 있으므로 무질서도가 감소하는 자기조립은 매우 제한적으로 발생하는 현상이다.

자기조립이 일어날 수 있도록 분자들을 끌어당기는 데 주요한 힘은 서로 다른 전하를 띤 입자들 사이에 작용하는 전기적 인력이다. 예를 들어 음전하를 띤 유기이온과 양전하를 띤 금속이온 사이에 작용하는 전기적 인력에 의해 자기조립이 일어날 수 있다. 또 다른 주요한 힘은 수소결합이다. 수소결합은 특히 우리 몸속에서 일어나는 생명현상에 큰 역할을 한다. DNA의 이중나선구조, 단백질의 3차원 구조 형성 등 자연계의 생명현상에 나타나는 자기조립 현상의 중요한 원동력이다.

자기조립은 외부의 힘이나 공간적인 제한요소의 영향 없이 개별요소 간의 상호작용만으로 구조체를 형성하는 비형판 자기조립(non-templated self assembly)과 요소 간의 상호작용 이외의 다른 요소들의 영향을 받아 구조체를 형성하는 형판 자기조립(templated self assembly)으로 나눌 수 있다.

비형판 자기조립의 매력적인 부분은 자기조립에 참여하는 요소를 이용하여 동시다발적으로 원하는 구조물을 형성하는 것이다. 질서 있게 정돈된 구조물을 얻기 위해 필요한 요소를 혼합하기만 하면 되며 매우 간단하고 효과적인 나노공정 기술이 될 수 있다. 이 방법은 최소한의 재료와 에너지를 사용하여 구조물을 만들어낸다는 점에서 매우 매력적인 방법이지만, 널리 사용되는 나노공정은 아니다.

현재 이 방법으로 단일막과 나노 입자, 자기나노입자, 금속나노입자

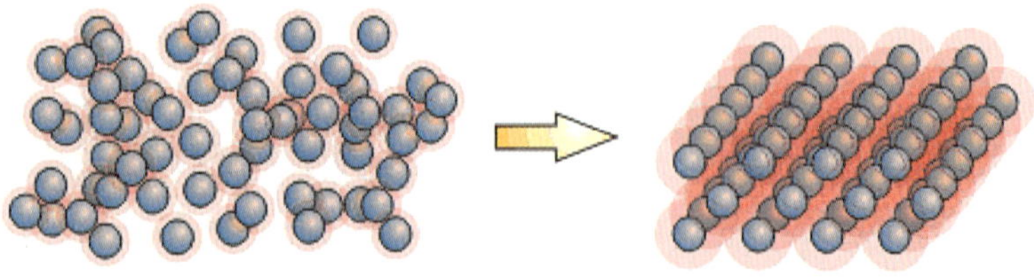

그림 6.9 비형판 자기조립 개념도

등을 부분적으로 조립한 연구가 있다. 그러나 자기조립은 기존의 방법에 비하여 결함을 가진 구조물을 만들어내기 쉬우며, 일반적으로 반응에 참여하는 요소들에서 만들어낼 수 있는 예측 가능한 구조물의 크기는 마이크로미터의 수준이다. 또 요소들은 가능한 배열순서 등에 제한이 있기 때문에 만들어낼 수 있는 구조물의 수도 제한된다.

고차 구조형 나노 입자 조립화에 있어서 일정한 방향성을 도입하는 공정은 매우 중요하다. 형판 자기조립은 자기조립을 위해 기판 위에 패턴을 만들고 그 위에 나노 입자들이 조립되도록 하는 방식이다. 이 경우 앞의 방식보다 복잡한 구조를 생성할 수 있으며 자기조립을 위해 표면의 기하학적 구조, 전기장, 자기장, 전단력 등이 사용된다. 이러한 조립 방법은 주로 하향식으로 형판을 만들고, 상향식으로 분자, 거대분자, 콜로이드 입자, 금속 입자 등을 조립하게 된다. 나노 스케일의 구조물을 마이크로 스케일 또는 그 이상의 스케일로 대면적으로 결함 없이 만드는 데 사용될 수 있어 대면적, 고속 나노공정의 대표공정으로 자리잡고 있다.

자기조립은 기존의 공정들과는 다르게 용어 그대로 스스로 자체적인 힘으로 조립되어 구조물을 만드는 공정이다. 그러나 현재까지의 자기조립 기술로는 기존의 노광공정 및 전통적인 공정처럼 나노 구조물을 원하는 부분에 정확하고 결함 없이 만들어낼 수 없다. 그러나 자기조립은 잠재력이 무한하고 계속 발전 과정에 있기 때문에 미래의 나노공정에 중요한 역할을 하게 될 것이다. 앞으로 3차원 나노구조물을 만들 경우, 만들어진 구조물에서 한 부분을 다른 요소로 바꿀 경우, 생성과 소멸이 가역적인 구조물을 만들 경우, 자기 수리와 자기 복제가 가능한 구조물을 만드는 데 자기조립은 중요한 공정이 될 것으로 예측된다.

7장

나노 광결정 기술

1. 들어가며

1987년 미국의 물리학자 야블로노비치(E. Yablonovitch)와 존(S. John)은 빛이 자신의 파장 수준의 공간에서 주기적으로 굴절률이 반복되는 구조를 지나가게 되면, 특정한 파장대의 빛을 배제하거나 완전히 반사시킬 수 있음을 주장하였다. 이러한 굴절률의 주기적인 반복구조를 갖는 결정을 광결정 혹은 광자결정(photonic crystal)이라고 한다. 이론적으로 빛은 공간 내에서 광분산 관계(photonic dispersion relation)라 부르는 $\omega=ck$의 관계를 가지며, 여기서 ω와 k는 각각, 전자기파의 각속도(angular frequency, $\omega=2\pi f$)와 파수(wave number, $k=2\pi\lambda_0$)를 의미한다. 빛은 굴절률(refractive index)이 n인 물질 속에서 c/n의 속도로 진행되므로, n이 일정한 물질 내에서는 광분산 관계에 따라 일정한 각속도로 진행하게 된다. 반면 n이 바뀌는 물질, 즉 균일하지 않은 물질 내에서는 더는 선형의 관계가 되지 못하며, 특별한 경우에는 파수–각속도 그래프에서 불연속적인 구간이 발생하게 되는데 이를 광자띠 간격 혹은 광밴드 갭(photonic band gap)이라 부른다. 만약, 파수–각속도 그래프에서 불연속 구간에 해당되는 주파수를 갖는 빛이 주기적인 반복구조를 갖는 광결정 표면에 입사되는 경우, 대응되는 파수가 발생할 수 없으며 따라서 빛은 내부로 들어갈 수 없게 되고 완전히 반사된다고 이론적으로 설명할 수 있다.

2. 광결정의 주기적인 구조에 따른 분류

앞에서 광결정이란 주기적인 굴절률의 반복구조를 갖는 결정 형태로 이루어진다고 설명하였다. 결정의 주기적인 형태는 크게 세 가지 방식으로 구성이 되는데, 첫째로 1차원, 즉 한 방향으로 굴절률이 반복되는 구조가 존재한다. 굴절률이 A인 물질과 굴절률이 B인 물질이 ABABAB와 같이 층층이 쌓인 구조를 1차원 광결정이라고 하며 그림 7.1과 같이 결정의 주기구조 파악을 통해 2차원 광결정과 3차원 광결정 또한 각각 정의할 수 있다.

그림 7.1 기본적인 광결정 주기구조의 분류

3. 자연계에서 관찰되는 광결정

모르포나비와 비단벌레, 그리고 오팔 등의 표면에는 특정한 구소들이 반복이 되는데, 이들 물질은 색소 없이 반복되는 독특한 구조만으로 특유의 색을 나타내며 이렇게 나타나는 색을 구조색(structural color)이라 한다. 구조색이 나타나는 원리는 물체의 표면에 주기적인 패턴을 갖는 구조가 존재하게 되면, 이 구조를 통해 특정한 파장대의 빛이 반사되거나 통과하게 되어 최종적으로 특정한 색깔이 눈으로 전달된다. 이러한 곤충이나 보석에 대한 수집가들의 관심이 증대하면서 과학적으로 이들의 구조색을 밝히려는 연구를 진행하였다. 이들의 표면에 있는 구조를 확인하기 위한 최초의 시도는 현미경 관측이지만 실제로 이들이 지닌 나노 크기의 주기적인 구조를 파악하는 데 현미경 관측만을 통해서는 한계가 있으며 전자현미경의 개발로 비로소 이들 물질 표면에 위치한 주기적인 구조의 파악이 가능해졌다. 이후 이들의 광결정 구조가 학계에 널리 알려지면서 이론적으로, 또는 실험적으로 자연계의 광결정 구조 모사를 통한 여러 연구 성과가 발표되었으며 자연모사 분야의 한 분야를 열게 되었다. 앞서 언급한 모르포나비, 비단벌레, 오팔 외에도 비둘기, 공작의 깃털이나 보석풍뎅이, 그리고 물고기(Tetra fish)에 이르기까지 자연계의 광결정 구조는 매우 다양하다.

그림 7.2 자연계에 존재하는 여러 가지 구조색

1) 비단벌레

비단벌레는 그림 7.3(a)에서 볼 수 있듯이 오래전부터 아름다운 색깔 때문에 쓰임새가 다양했다. 중국에서는 벌레에 금속 테두리를 씌운 후 복장의 장신구로 이용했다고 전해진다. 또한 일본에는 호류사에 비단벌레의 딱지로 장식한 장롱의 일종인 옥충주자가 남아 있다. 특별히 한국에서는 고대 신라시대에 말안장의 장신구로 비단벌레를 사용한 마구(馬具)가 경주에서 출토되었으며, 그 아름다운 색깔로 인해 귀하게 여겨졌으며 최근 급격한 개체수의 감소로 문화재청에서는 비단벌레를 천연기념물로 지정하였다. 그림 7.3(b)는 날개를 떼어낸 사진이며, 그림 7.3(c)에서처럼 말안장의 장신구로 붙여서 사용되었다. 그림 7.3(d)에서는 비단벌레 날개의 단층을 TEM으로 관찰한 사진인데 매우 얇은 서로 다른 두 층의 물질이

그림 7.3 (a) 비단벌레의 모습, (b) 비단벌레의 날개 모습, (c) 비단벌레 날개를 이용한 말안장 장신구 제작 모습, (d) 비단벌레 날개의 단면 사진(J. A. Noyes, P. Vukusic, and I. R. Hooper, *Optical Express*, 15, 4351–4358, 2007)

1차원 광결정의 주기 형태로 배열되어 있음을 볼 수 있다. 이때 검은 층과 밝은 층 두 층의 굴절률 차이가 반복되면서 최종적으로 녹색 빛을 선택적으로 반사하면서 아름다운 빛깔을 자랑할 수 있게 된다. 이 복층박막은 적게는 8개, 많게는 22개로 다양하게 관측되었으며 층 개수의 차이에 따라 보이는 빛의 차이가 다소 발생한다.

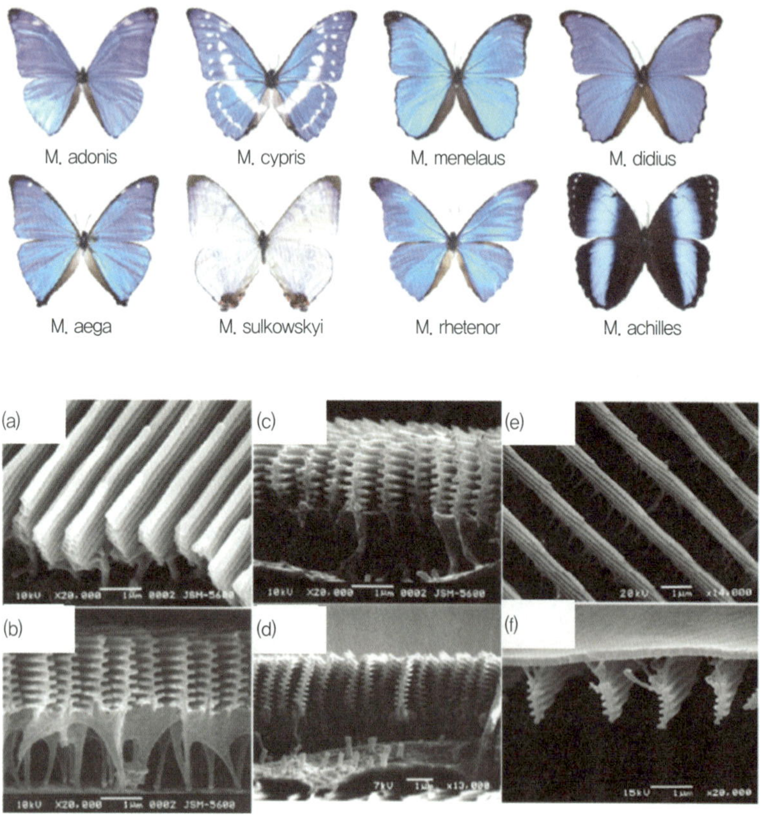

그림 7.4 다양한 모르포나비의 색깔과 날개 단면의 전자현미경(SEM) 사진(S. Kinoshita, S. Yoshioka, and J. Miyazaki, *Rep Prog Phys*, 71, 076401, 2008)

2) 모르포나비(Morpho butterfly)

모르포나비의 경우 화려한 빛깔의 날개를 자랑하지만, 역시 색소가 없는 구조색이며, 이때 구조의 주기적인 패턴은 크게 보면 xz평면에서 생긴 구조가 y축 방향으로 길게 늘어진 2차원 구조로 보이지만, 실제로 빛이 입사되어 반사되는 원리를 보면 1차원의 복층박막 구조의 연장이라 보는 게 옳을 것이다. 다만 패턴이 z 방향으로 서 있기 때문에 위에서 볼 경우 선 구조와 빈 공간의 주기적인 형태를 보이는데, 그로 인해 모르포나비의 경우에는 관찰하는 각도에 따라 색이 변한다.

4. 나노 광결정 제작 기술과 적용 사례

1) 1차원 광결정 구조를 응용한 습도 센서

1차원 광결정 구조에 있어서 중요한 변수 중 하나는 각 층의 두께다. 만약에 특정한 조건에서 박막의 두께가 변하게 된다면 광결정의 주기가 변하게 되어 최종적으로 색깔의 변화를 유도하게 될 것이다. 2007년 MIT의 연구진은 하이드로젤(Hydrogel)의 팽창 현상을 이용하여 습도센서를 제작하는 기법을 *Nature Materials*지를 통해 소개하였다. 팽창현상이란 고분자가 물을 만나면 고분자의 꼬여 있는 체인 사이로 물 분자를 흡수하게 되어 고분자가 부풀어오르는 현상이다. 얇은 박막의 하이드로젤 위에 고분자 박막을 올리고 다시 그 위에 하이드로젤 박막을 수기적으로 올리게 되면, 외부의 습도의 정도에 따라 하이드로젤 필름이 두께 방향으로 팽창하게 되고, 고분자 층의 두께는 변하지 않는다. 이는 결국 1차원 구조에서 주기의 변화를 가져오고 광밴드 갭을 조절함으로써 습도의 변화

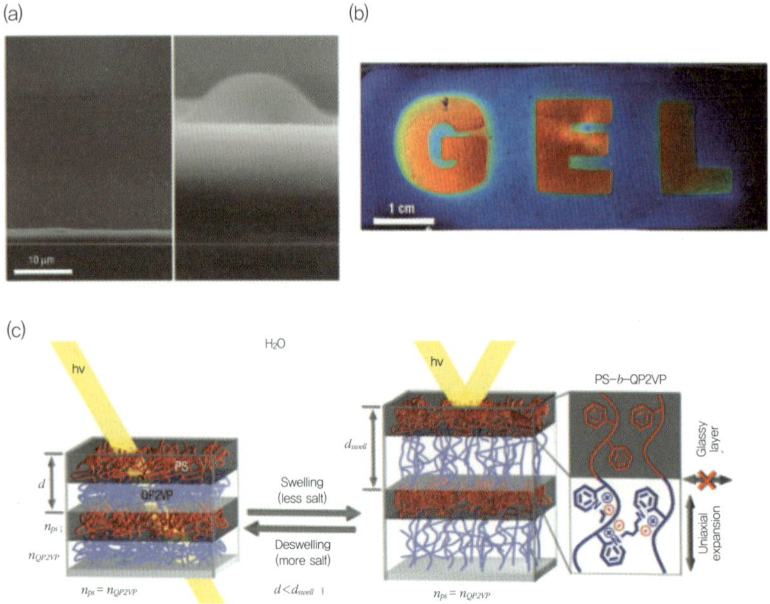

그림 7.5 1차원 광결정 구조를 이용한 습도 센서 (a) 팽창 현상, (b) 광결정으로 인한 색 변화, (c), (d) 물질 두께 변경과 빛의 반사 이미지(Kang, Y. *et al*., *Nature Materials*, 6, 957–960, 2007)

를 색깔로 감지하게 되는 것이다.

그림 7.5(a)에서 하이드로젤 필름이 10%의 습도일 때와 100%의 습도일 때의 두께 변화를 확인할 수 있다. 그림 7.5(c)에서는 낮은 습도일 때 빛이 통과하지만 외부 습도가 높아져 팽창되면, 광밴드 갭을 형성함으로써 특정 파장의 빛이 들어가지 못함을 설명하고 있다.

2) 모르포나비의 날개 모사를 통한 광결정의 제작

다양한 나노공정 기술을 이용하여 모르포나비의 날개 구조를 모사한 연구 결과가 있다. 첫 번째 예는 약 61개의 폴리에스테르와 나일론6의 층을 순차적으로 쌓음으로써 모르포나비 날개의 색을 모사한 결과다. 이 경우 보는 각도에 따라 모사된 표면의 색깔과 실제 모르포나비 날개의 색이 같이 변해가는 것을 확인할 수 있다. 또 하나의 예는 정밀한 화학 박막 증착 기술을 이용하여 실제 모르포나비의 날개 구조와 유사한 구조를 얻은 결과다.

3) 3차원 광결정 구조를 응용한 디스플레이

3차원의 광결정 구조에서 오팔 구조는 매우 유용한 구조가 될 수 있다. 입자의 크기와 간격을 조절함으로써 반사되거나 투과되는 빛의 파장을 임의대로 조절할 수 있기 때문이다. 임의로 전기를 가하여 입자 간의 간격을 변형시킴으로써 반사되는 파장의 빛을 컨트롤하여 일종의 디스플레이로 사용이 가능하다고 최근 여러 저널에 보고되고 있다. 그중에 가장 대표적인 것이 오팔 구조와 역전된 오팔 구조(inverse opal)다.

그림 7.6에서 (a)는 오팔 구조이며 (b)는 오팔과 매트릭스(녹색 부분), 그리고 (c)는 오팔을 에칭하고 난 나머지 매트릭스 부분인데 이 구조는 오팔 구조의 역전된 구조를 갖게 된다.

특정한 물질로 이루어진 오팔 구조와 역전된 오팔 구조에 전기를 가하면 입자 사이의 간격이 변하는데 이러한 간격의 변화 때문에 반사되는

그림 7.6 (a) 오팔 구조, (b) 오팔 구조와 복합체, (c) 역전된 오팔 구조

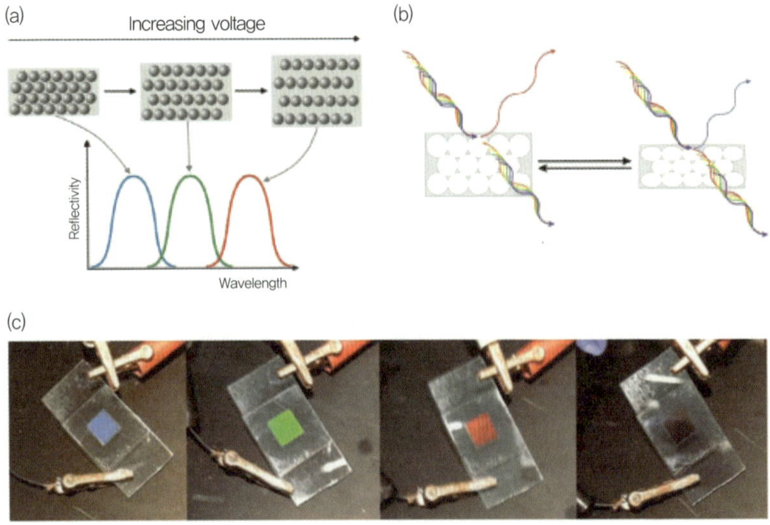

그림 7.7 (a) 전압을 가했을 때 오팔 구조의 변화, (b) 전압을 가했을 때 역전된 오팔 구조의 변화, (c) 인가된 전압에 따라 색이 변하는 그림(G. A. Ozin and A. C. Arsenault, *Mater Today*, 11, 44–51, 2008)

빛의 파장대가 변하게 된다. 결과적으로 이러한 광결정 구조는 그림 7.7에서 볼 수 있듯이 디스플레이 산업에 응용할 수 있으며 특히 휘어지는(flexible) 디스플레이 소자를 제작하는 데 유용한 기술이 될 것으로 예상된다.

참고문헌

강상규 · 소대섭 · 김민곤, 『나노바이오칩 기술』, 한국과학기술정보연구원, 2004.

강상규, 『나노-바이오 기술』, 한국과학기술정보연구원, 2002.

강석기 · 최인성 · 박태현 · 정병문, 『나노바이오 기술 특집』, 『과학동아』 11월호, 2004.

래트너, 대니얼 · 마크 래트너/김희봉 역, 『미래를 위한 기술 나노테크놀로지』, 야스미디어, 2004.

맥쿼리, 도널드 A./김홍래 역, 『양자화학』, 자유아카데미, 2010.

박준원, 『나노바이오칩 기술』, Nanobiotechnology, 포항공과대학교 화학과, 생물학연구정보센터 BioWave(http://bric.postech.ac.kr/webzine), Vol. 6, No. 21.

박성근, 『작은 나노의 큰 세상』, Science & Culture, 2002.

소대섭, 『나노기반기술』, 한국과학기술정보연구원, 2002.

윌슨, 마이클/김대준 역, 『나노기술의 이해』, 한티미디어, 2004.

이영희, 『미시세계가 거시세계를 바꾼다』, 살림, 2004.

정유하, 『나노테크 활용기술의 모든 것』, 대영사, 2005.

존스, 리처드 A.L./김태억 역, 『나노바이오, 미래를 여는 기술』, 궁리, 2007.

최붕기, 『나노공정, 측정기술』, 한국과학기술정보연구원, 2002.

천진우, 『21세기 과학과 반도체 나노화학 Part 1. 원리와 현상』, 화학세계, 대한화학회, 40(2): 51, 2000.

천합지이/김태엽 · 홍영대 공역, 『나노 테크널로지 입문』, 성안당, 2003.

폴보른, 마리타 · 블라트 게오르게스쿠/박진희 역, 『나노바이오 테크놀로지』, 생각의나무, 2004.

황호정, 『반도체 공정기술』, 생능출판사, 2003.

현원복, 『나노기술과 인간』, 까치, 2005.

『나노기술 정책 및 연구 동향』, 한국과학기술정보연구원, 2004.

『국별 나노기술정책 비교분석』, 한국산업기술평가원 전략기획실, 2005.

Transnational College of Lex/김종오 · 박성근 공역, 『양자역학의 모험』, 과학과문화, 2001.

Bernard, Andre, Jean Philippe Renault, Bruno Michel, Hans Rudolf Bosshard, and Emmanuel Delamarche, "Microcontact printing of proteins," *Advanced Materials*, 12, 1067-1070, 2000.

Burns, Mark A., Brian N. Johnson, Sundaresh N. Brahmasandra, Kalyan Handique, James R. Webster, Madhavi Krishnan, Timothy S. Sammarco, Piu M. Man, Darren Jones, Dylan Heldsinger, Carlos H. Mastrangelo, and David T. Burke, "An integrated nanoliter DNA analysis device," *Science*, 282, 484-487, 1998.

Cui, Yi, Qingqiao Wei, Hongkun Park, and Charles M. Lieber, "Nanowire nanosensors for highly sensitive and selective detection of biological and chemical species," *Science*, 293, 1289-1292, 2001.

Gates, Byron D., Qiaobing Xu, Michael Stewart, Declan Ryan, C. Grant Willson, and George M. Whitesides, "New approaches to nanofabrication: Molding, printing, and other techniques," *Chemical Reviews*, 105, 1171-1196, 2005.

Joannopoulos, John. D., Steven G. Johnson, Joshua N. Winn, and Robert D. Meade, *Photonic Crystals: Molding the Flow of Light*, Princeton University Press, 2008.

Kang, Youngjong, Joseph J. Walish, Taras Gorishnyy, and Edwin L. Thomas, "Broad-wavelength-range chemically tunable block-copolymer photonic gels," *Nature Materials*, 6, 957-960, 2007.

Kim, Enoch, Younan Xia, Xiao-Mei Zhao, and George M. Whitesides, "Solvent-assisted microcontact molding: A convenient method for fabricating three-dimensional Structures on surfaces of polymers," *Advanced Materials*, 9, 651, 1997.

Kim, Sungjee, Yong Taik Lim, Edward G. Soltesz, Alec M. De Grand, Jaihyoung Lee, Akira Nakayama, J. Anthony Parker, Tomislav Mihaljevic, Rita G. Laurence, Delphine M. Dor, Lawrence H. Cohn, Moungi G. Bawendi, and John V. Frangioni, "Near-infrared fluorescent type II quantum dots for sentinel lymph node mapping," *Nature Biotechnology*, 22, 93-97, 2003.

Kinoshita, S., S. Yoshioka, and J. Miyazaki, "Physics of structural colors," *Reports on Progress in Physics*, 71, 076401, 2008.

MacBeath, Gavin and Stuart L. Schreiber, "Printing proteins as microarrays for high-throughput function determination," *Science*, 289, 1760-1763, 2000.

Madou, Marc J., *Fundamentals of Microfabrication*, CRS Press, 1996.

Nam, Jwa-Min, C. Shad Thaxton, and Chad A. Mirkin, "Nanoparticle based bio-bar codes for the ultrasensitive detection of proteins," *Science*, 26, 1884-1886, 2003.

Noyes, J.A., P. Vukusic, and I.R. Hooper, "Experimental method for reliably establishing the refractive index of buprestid beetle exocuticle," *Optics Express*, 15, 4351-4358, 2007.

Ozin, Geoffrey A. and Andre C. Arsenault, "P-Ink and Elast-Ink from lab to market," *Materials Today*, 11, 44 51, 2008.

Park, So-Jung, T. Andrew Taton, and Chad A. Mirkin, "Array-based electrical detection of DNA with nanoparticle probes," *Science*, 22, 1503-1506, 2002.

Puscasu, Irina, G. Boreman1, R.C. Tiberio, D. Spencer, and R.R. Krchnavek, "Comparison of infrared frequency selective surfaces fabricated by direct-write electron-beam and bilayer nanoimprint lithographies," *Journal of Vacuum Science and Technology B*, 18, 6, 3578, 2000.

Piner, Richard D., Jin Zhu, Feng Xu, Seunghun Hong, and Chad A. Mirkin, "Dip-pen nanolithography," *Science*, 283, 661-663, 1999.

Rhee, K.W., L.M. Shirey, P.I. Isaacson, C.F. Kornegay, W.J. Dressick, M.-S. Chen, and S.L. Brandow, "Electron-beam fabrication of nonplanar templates for contact printing," *Journal of Vacuum Science and Technology B*, 18, 6, 3569, 2000.

Schulz, H., D. Lyebyedyev, H.-C. Scheer, K. Pfeiffer, G. Bleidiessel, G. Grutzner, and J. Ahopelto, "Master replication into thermosetting polymers for nanoimprinting," *Journal of Vacuum Science and Technology B*, 18, 6, 3582, 2000.

Tan, Hua, Andrew Gilbertson, and Stephen Y. Chou, "Roller nanoimprint lithography," *Journal of Vacuum Science and Technology B*, 16, 6, 3926, 1998.

Taniguchi, Jun, Yuji Tokano, Iwao Miyamoto, Masanori Komuro, and Hiroshi Hiroshima, "Diamond nanoimprint lithography," *Nanotechnology*, 13, 592–596, 2002.

Vo-Dinh, Tuan, Jean-Pierre Alarie, Brian M. Cullum, and Guy D. Griffin, "Antibody-based nanoprobe for measurement of a fluorescent analyte in a single cell," *Nature Biotechnology*, 18, 764-767, 2000.

Whitesides, George M., "The 'right' size in nanobiotechnology," *Nature Biotechnology*, 21, 1161-1165, 2003.

Williams, Mark C. and Ioulia Rouzina, "Force spectroscopy of single DNA and RNA molecules," *Current Opinion in Structural Biology*, 12, 330-336, 2002.

Wu, Guanghua, Ram H. Datar, Karolyn M. Hansen, Thomas Thundat, Richard J. Cote, and Arun Majumdar, "Bioassay of prostate-specific antigen (PSA) using microcantilevers," *Nature Biotechnology*, 19, 856-860, 2001.

Xia, Younan and George M. Whitesides, "Soft Lithography," *Angewandte Chemie International Edition*, 37, 550-575, 1998.

Xia, Younan, John A. Rogers, Kateri E. Paul, and George M. Whitesides, "Unconventional methods for fabricating and patterning nano-structures," *Chemical Reviews*, 99, 1823-1848, 1999.

Zhang, M., Yu. Efremov, F. Schiettekatte, E.A. Olson, A.T. Kwan, S.L. Lai, T. Wisleder, J.E. Greene, and L.H. Allen, "Size-dependent melting point depression of nanostructures: Nanocalorimetric mea- surements," *The American Physical Society*, Vol. 62, No. 15, October 2000.

Zhu, Heng, Metin Bilgin, Rhonda Bangham, David Hall, Antonio Casamayor, Paul Bertone, Ning Lan, Ronald Jansen, Scott Bidlingmaier, Thomas Houfek, Tom Mitchell, Perry Miller, Ralph A. Dean, Mark Gerstein, and Michael Snyder, "Global analysis of protein activities using proteome chips," *Science*, 293, 2101-2105, 2001.

Ziauddin, Junaid and David M. Sabatini, "Microarrays of cells expressing defined cDNAs," *Nature*, 411, 107-110, 2001.

찾아보기

| **Abstract** |

Fundamentals of Nanotechnology

Kahp-Yang Suh

Nanotechnology (NT) has received much attention since the mid-1990's and now established itself, along with information technology, biotechnology, energy technology, and environment technology, as a new core technology to drive the 21st century. It is widely believed that nanotechnology has shown remarkable progress and achievements for the last two decades, taking a leading role in major scientific fields. Also, nanotechnology has become a common knowledge even to the public thanks to consistent education and press release in various aspects.

Nanotechnology is one of driving forces to lead future technologies. When integrated with other technologies such as information, bio, environmental, and energy technologies, it is shedding light on new breakthroughs to deal with current technological limitations and opening the door to new markets for high-value products. To cope with its importance, the Korean government established its own national nanotechnology initiative in the year 2001 and invested a great deal of human and financial sources. In 2004, according to the survey conducted by *Dong-Ah Science*, nanotechnology was recognized as a core technology to a number of fields that can revolutionize the world in 5 years. Those fields include wireless internet, ubiquitous computing, next-generation display, nano-electronics, life cloning, system-on-a-chip, and biochip.

It should be noted that nanotechnology is not the one that can be pursued in a single discipline such as physics, chemistry, biology, process, device, and measurement, but the one that needs to be studied in a multi-disciplinary fashion.

Despite the importance and widespread recognition of nanotechnology, there has been no appropriate textbook to introduce nanotechnology to undergraduate students in a broad range of fields and the novice alike. In particular, a textbook that can strike a balance between providine the simple knowledge and underlying principles will be useful to students regardless of their backgrounds. This book is aimed at addressing such needs, providing knowledge for materials, processes, and devices to students in science fields as well as knowledge for basic physical and chemical properties to those in engineering fields. Furthermore, the students in human sciences and others will find this book useful as it helps them to be come familiar with nanotechnology and aid in studying fundamentals. Even for middle and high school students, this book will offer an opportunity to get interested in nanotechnology.

I would like to express my sincere thanks to the director of the center for liberal education at Seoul National University and other people who have advised and supported the release of this book. My special thanks are given to lab members in Nano Fusion Technology Laboratory who have dedicated themselves in literature survey, construction of figure sets and references, and permission of copyrights.

발간사

오늘날 대학은 문명사적 대전환의 와중에서 진리탐구와 인력양성이라는 두 가지 과제를 수행해야 한다. 급변하는 현대사회에서 진리의 본질을 찾기 위한 연구와 사회의 개선을 위한 교육은 서로 밀접히 연관되어 있다. 이를 통해 대학은 지역, 국가, 인류 사회의 발전에 봉사하고 공헌한다.

서울대학교는 세계화 시대에 다양한 문화와 가치를 이해하고, 더불어 사는 공동체를 위한 덕목과 윤리를 갖추고, 세계 수준의 전문가로서 전공지식을 배우고, 현실사회의 문제 해결을 위한 비판적 사고와 능역을 길러주는 것을 주요한 교육목표로 설정하고 있다.

이를 위해 현대사회의 다양한 주제와 쟁점들에 대한 교양교재의 개발은 필수적이다. 서울대학교는 '학문의 기초', '핵심교양', '일반교양'을 기초교육의 중심분야로 설정하고 있다. 이 세 분야에 걸친 교양교재의 발간이 비단 서울대학교 학생들뿐만 아니라 우리 사회 젊은이들의 지적 양식의 보고로서 학문적 · 실천적 안목과 지평을 높일 수 있는 계기가 되기를 기대한다.

서울대학교 기초교육원장

저자 소개

서울대학교 화학공학과(학사)와 동 대학 응용화학부(석사, 박사)를 졸업하고, 서울대학교 응용화학부, BK21 박사후 연구원과 MIT 화학공학과 박사후 연구원을 지냈다. 서울대학교 기계항공공학부 부교수로 재직하였다.

저서와 논문

A. Khademhosseini, K.Y. Suh, and M. Zourob, *Biological Microarrays*, Springer: The Humana Press, 2010.

"Unconventional Nanolithography," edited by Hari S. Nalwa, *Encyclopedia of Nanoscience and Nanotechnology*, American Scientific Publishers, 2004.

"Patterning of polymer thin films," edited by David G. Bucknall, *Nanolithography and patterning techniques in microelectronics*, CRC Press, 2005.

"Engineered Surface Nanotopography for Controlling Cell-Substrate Interactions," edited by Ali Khademhosseini, Jeffery Borenstein, Mehmet Toner, and Shuichi Takayama, *Micro and Nanoengineering of the Cell Microenvironment*, Artech House Publilshing, 2008.

"Micro and Nanopatterning for Bacteria and Virus-Based Biosensing Applications," edited by M. Zourob, et al., *Principles of Bacterial Detection: Biosensors, Recognition Receptors and Microsystems*, 2008.

"Unconventional Patterning Methods for BioNEMS," edited by John A. Rogers and H.H. Lee, *Unconventional Nanopatterning Techniques and Applications*, Wiley, 2009.